茶叶 绿色生产技术指南

浙江省农产品绿色发展中心 组编

浙江科学技术出版社·杭州

版权所有　　侵权必究

图书在版编目（CIP）数据

茶叶绿色生产技术指南 / 浙江省农产品绿色发展中心组编 . —杭州：浙江科学技术出版社，2024.7
ISBN 978-7-5739-1047-9

Ⅰ．①茶… Ⅱ．①浙… Ⅲ．①茶叶－栽培技术－浙江－指南②制茶工艺－浙江－指南　Ⅳ．① S571.1-62

中国国家版本馆CIP数据核字（2024）第 028354 号

书　　名	茶叶绿色生产技术指南
组　　编	浙江省农产品绿色发展中心
出版发行	浙江科学技术出版社 网址：www.zkpress.com 地址：杭州市拱墅区环城北路 177 号　邮政编码：310006 编辑部电话：0571-85152719 销售部电话：0571-85062597 E-mail：zkpress@zkpress.com
排　　版	杭州万方图书有限公司
印　　刷	浙江新华数码印务有限公司
经　　销	全国各地新华书店
开　　本	700×1000　1/16　　　印　张　8
字　　数	114 千字
版　　次	2024 年 7 月第 1 版　　　印　次　2024 年 7 月第 1 次印刷
书　　号	ISBN 978-7-5739-1047-9　定　价　48.00 元

责任编辑　詹　喜　　　责任美编　金　晖
责任校对　李亚学　　　责任印务　吕　琰

如发现印、装问题，请与承印厂联系。电话：0571-85155604

《茶叶绿色生产技术指南》编委会

主　　编　郑永利　余继忠　李　露
副 主 编　杨鸿勋　丁　野　李红莉
编写人员　（按姓氏笔画排序）
　　　　　丁　野　王华建　王昱凯　毛宇骁
　　　　　史　婕　冯海强　吕利湘　李　露
　　　　　李红莉　杨鸿勋　余继忠　武　肖
　　　　　林　燕　郑永利　徐冬毅　黄海涛
组　　编　浙江省农产品绿色发展中心

前 言 PREFACE

2024年,浙江省委省政府部署推动乡村"土、特、产"先行发展,明确要求做强名优茶叶等十大农业经典特色产品。按照习近平总书记"绿色是高质量发展的底色,新质生产力本身就是绿色生产力"的重要论述精神,本书围绕茶叶优化产地环境提质增效、推广绿色技术增产增效、打造绿色链条增值增效,组织编写了《茶叶绿色生产技术指南》。

全书共分五章:第一章概述了浙江省茶产业的发展现状和新时期的发展方向;第二章依据《绿色食品 产地环境》(NY/T 391)等国家绿色食品生产技术相关标准,从茶园建设、种植管理、加工管理等方面阐述质量控制重点内容和具体要求;第三章详细介绍了茶叶生产中主要病虫害的形态特征、为害特征和发生规律等;第四章重点介绍了生态茶园绿色防控的基本原则和主要技术,并针对不同类型茶园的绿色防控方案进行了靶向分析;第五章依据《食品安全国家标准 食品中农药最大残留限量》(GB 2763—2021)、《绿色食品 农药使用准则》(NY/T 393)、《绿色食品 茶叶》(NY/T 288)等系列最新版标准,结合浙江省绿色食品茶叶生产实际,以"少用药、用好药、科学用"为原则,制订了科学用药防控方案。

本书紧贴浙江省绿色食品茶叶生产实际,涵盖了产地环境、投入品使用、田间管理、加工、采收等茶叶生产全过程。编写过程中力求内容通俗易懂、实用简便，既可作为各级农广校高素质农民培训教材，也可作为广大从事茶叶绿色食品生产的农业经营主体工具书，还可作为高职高专院校、成人教育农学类等专业参考书。

在编写过程中，我们参考了中国绿色食品发展中心编写的有关文献资料，并得到了业内专家的大力支持，在此表示衷心感谢！由于编写水平和时间有限，书中难免存在疏漏之处，敬请广大读者批评指正。

编者

2024 年春

目录 CONTENTS

- **第一章 概 述** ················· 1
  - 第一节 浙江省茶产业发展现状 ············· 1
  - 第二节 新时期浙江省茶产业发展方向 ········ 4
- **第二章 绿色食品茶叶质量控制关键** ········· 8
  - 第一节 茶园建设 ··················· 8
  - 第二节 茶园种植管理 ················15
  - 第三节 茶叶加工管理 ················30
- **第三章 生态茶园主要有害生物** ············34
  - 第一节 主要害虫 ··················34
  - 第二节 主要病害 ··················60
- **第四章 生态茶园绿色防控技术** ············66
  - 第一节 绿色防控基本原则 ·············66
  - 第二节 绿色生态防控技术 ·············68
  - 第三节 不同类型茶园绿色防控策略 ········74
- **第五章 生态茶园科学用药技术** ············83
  - 第一节 科学用药基本原则 ·············83
  - 第二节 绿色食品茶叶科学用药方案 ········85
- **附录 浙江省精品绿色茶园简介** ············89

第一章 概 述

第一节 浙江省茶产业发展现状

"一片叶子富了一方百姓"是习近平总书记对浙江省因地制宜发展茶产业的充分肯定，更是对全省茶产业发展的把脉定向。多年来，浙江省聚焦"高效生态、特色精品"高质量发展要求，以"三茶"统筹为引领，立足生态茶园、省级精品绿色农产品基地、国家地标保护工程等项目载体，着力推进茶叶标准化生产、产业化经营、品牌化运作、绿色化发展，致力构建与茶文化、茶科技、茶生态和茶旅游有机融合、协调发展的现代茶产业体系。目前，茶产业现已成为浙江农业最具优势和竞争力的主导产业。

一、规模产值迈上新台阶

2023年，浙江省茶园总面积311.7万亩，茶叶总产量20.2万吨，总产值287.1亿元，规模创历史新高。全省茶农约165万人，人均茶叶收入17306元，茶园亩平均产值9211元，高于全国平均水平40%以上，位居全国主要产茶省第二位，涌现了西湖区、安吉县、松阳县等一批亩平均产值超1.5万元的高质高效示范县（市、区）。

二、茶树良种化率持续提升

据中国农业科学院茶叶研究所统计，全国省级以上叶色特异品种55个，其中浙江39个，占比超70%，无性系茶树品种选育和应用走在全国前列。浙江无性系茶树品种主要是'龙井43'、'白叶1号'和'嘉茗1号'（'乌牛早'），

2022年全省无性系良种率78.2%，比2015年提高了8.85%。茶树的良种化和特异品种的推广应用，不仅促进了茶树品种结构优化与产品品质提升，更增强了浙江茶产业强有力的发展后劲。

三、茶类结构进一步优化

目前，浙江省茶产业基本形成了以名优绿茶为主导，红、黑、白、黄茶多茶类共同发展，且以抹茶、花茶等特色茶类为补充的合理茶类结构。2023年，绿茶产量占全省茶叶总产量的89.8%，产值占全省茶叶总产值的89.1%，其他茶类产量、产值分别占10.2%、10.9%，其中红茶1.2万吨，产值24.3亿元，已成为全省第二大茶类；抹茶产量超4200余吨，产值突破6亿元，已成为全球最大的抹茶产地。茶类结构的持续优化是浙江面向多元市场、面向品质消费的主动求变，既突出了浙茶的资源禀赋特点，又提升了茶叶产业链、供应链、价值链。

四、名优茶持续快速发展

名优茶经过近40年的发展，已成为浙江茶叶的主导产品。2023年，名优茶产量11万吨，占全省茶叶总产量的55%，产值257.5亿元，占全省茶叶总产值的90%。特别是龙井茶，2023年，产量2.6万吨，产值63.5亿元，茶农35万户，已成为我国产区范围最广、涉及茶农最多、产业规模最大、区域优势最强、对茶产业贡献最大的地理标志绿茶品牌。名优茶的持续快速发展，彰显了浙江茶产业质量效益型道路的成功。

五、绿色生态成效明显

截至2023年年底，累计建设省、市、县三级生态茶园1441个，面积41.6万亩；整建制创建省级精品绿色农产品茶叶基地12个，面积77.06万亩；实施国家地标保护工程茶叶基地13个；创建全国绿色食品原料（茶叶）标准化生产基地3个。经过多年建设，茶区生态得到明显改善，茶叶品质得到明显提高，茶园效益得到明显提升。2023年全省茶园化肥、化学农药使用量减少均在30%以上。

六、品牌赋能更加有力

截至2023年年底，全省已累计培育茶叶品牌200多个，打造了以浙江十大名茶为代表的50多个区域公用品牌、以40家省级以上龙头企业为代表的众多企业品牌，绿色食品茶叶（含花茶）776个，国家地理标志农产品（茶叶）30个。"区域公共品牌+绿色食品""区域公共品牌+农产品地理标志""企业品牌+绿色食品"等品牌叠加效应持续显现，龙井茶、西湖龙井、安吉白茶、径山茶等享誉国内外，品牌价值持续提升。全国茶叶区域公用品牌价值评估显示，浙江入围百强品牌15个，品牌总价值达513.9亿元，其中西湖龙井的品牌价值位居全国第一位。

七、"三茶"统筹初具雏形

茶文化、茶产业、茶科技一体部署推进，科技支撑产业、文化赋能产业、产业"活化"文化，形成有效联动。2023年，浙江省名优茶机制率达到99.1%，拥有多优茶连续化自动化、智能化生产线452条，建成全国首个省级茶产业大脑，9家茶企认定为数字农业工厂。新技术、新机械、数字化的研发推广。有力提升了茶产业层级。同时，茶休闲、茶旅游、茶养生等新业态快速发展，创建了安吉白茶、松阳大木山等全国绿色食品一二三产业融合发展园区，涌现了杭州梅家坞、临海羊岩山、松阳大木山等一批茶休闲养生景点，以及西湖龙坞茶镇、松阳茶香小镇、磐安古茶场文化小镇等一批茶业小镇。2023年，浙江省茶休闲、茶旅游、茶养生等第三产业产值约150亿元。传统优秀茶文化遗产也得以有效保护，西湖龙井、安吉白茶、金华婺州举岩、长兴紫笋茶、余杭径山茶宴、磐安赶茶场等参与的"中国传统制茶技艺及其相关

习俗"成功入选联合国教科文组织人类非物质文化遗产。

八、出口贸易稳中向好

茶叶外销市场稳固，出口主销全球91个国家和地区，前10位依次是摩洛哥、塞内加尔、毛里塔尼亚、美国、冈比亚、乌兹别克斯坦、喀麦隆、马里、尼日尔、贝宁。2023年，浙江省茶叶出口量15.0万吨，出口额4.64亿美元，均位居全国第一位。

第二节　新时期浙江省茶产业发展方向

"十四五"伊始，浙江省高规格召开农业高质量发展大会，高起点谋划科技强农、机械强农"双强行动"，持续推进农业绿色发展，致力全面提高农业生产效率和效益。面对新形势、新任务、新征程，作为在全省农业发展和农民增收中占据重要比重的茶产业，必须砥砺奋进，着力蹚出一条高质量发展的新路子。

一、茶产业高质量发展的重要性

1. 茶产业高质量发展是实现农业领域碳达峰碳中和的重要力量

在农业领域中，化肥、农药、农膜既是面源污染的主要来源，也是温室气体氧化亚氮的主要排放源，其污染排放占农业温室气体排放量的80%，其中化肥更占到了50%～60%。茶产业作为浙江农业最具优势和竞争力的主导产业，其绿色转型与生态化，将在农业领域中具有风向标作用。

2. 茶产业高质量发展是共同富裕示范区建设的重要推手

"产业促富"是助力共同富裕示范区建设的有效路径。茶产业是浙江省富民增收的优势主导产业，聚力基地化建设、标准化生产、产业化经营、品牌化打造、绿色化发展，协同拓展产业与乡村的同频共振发展模式，深化一二三产融合发展，创新农户与现代农业有效衔接机制，推动产业质效提升向好，将不断为拓宽农民增收致富渠道、带动农民共享增值红利开辟新路径、拓展新空间。

3. 茶产业高质量发展是实现行业高水平安全的重要保障

茶叶行业的质量安全需要茶产业全链条的质量控制来共同保障。近几年，绿色食品茶叶、地理标志茶叶抽检中仍然存在联苯菊酯、啶虫脒等农药残留超标现象，茶叶加工环境、加工过程也显露出质量安全风险。聚焦全过程的质量规范，围绕产地环境、投入品使用、田间管理、加工、采收、运输、储存等环节的规范提升，加大标准化生产推广，同时运用现代化检测技术，强化产品质量监测，推动茶产业层级提升，这是保障茶叶行业整体安全的应有之义。

二、茶产业发展方向和路径

当前，浙江省茶产业总体上还存在诸多不足，制约高质量发展。一是生态化绿色化覆盖还不够，生态茶园面积占比仅13%，绿色食品产地环境监测面积占比20%；二是"三茶"统筹和三产融合还不够，机械化、数字化、品种研发等茶科技作用发挥不足；三是茶资源利用效率还不够，目前早春高档名优茶收益是主要渠道，但占产量50%左右的夏秋茶资源利用率和单位面积效益不高；四是优质新型经营主体培育力度还不够。

今后一个时期，应紧扣高质量发展，统筹推进茶文化弘扬、茶产业发展、茶科技创新，深化"一标一品一产业"融合发展模式，全面推动茶产业转型升级和高质量发展，不断提升茶产业竞争力和经济效益。

1. 抓实平台建设，抢占茶业绿色低碳"新赛道"

以生态茶园、绿色食品生产关键技术集成项目等为主平台抓手，持续夯实茶园基础设施，增强防灾抗灾能力；以国家绿色食品生产标准为引领，全面推行病虫草害绿色防控，有力有效推进"肥药双减"。到2025年，建成

300个省级生态茶园基地,带动全省新增生态茶园面积100万亩;创建全国绿色食品原料(茶叶)标准化生产基地10个;实现绿色食品茶叶监测面积100万亩以上。

2.着力科技强茶,激活茶业质量变革"动力源"

重点围绕品种保护研发与数字化技术应用,从源头和核心推动茶叶生产提质增效。加强高抗、优质、特色茶树新品种选育和引进,推进茶苗繁育基地建设。加强茶树种质资源调查、收集保护和开发利用,到2025年提升省级茶树种质资源圃4个。实施茶产业数字化改造工程,推进数字化智能化技术和设施装备研究开发、引进示范和推广应用,提升茶产业生产经营和管理服务水平。推进茶叶数字化平台建设,构建数字茶业标准体系,逐步实现茶园管理、防灾减灾、生产加工等数字化。到2025年,建成全产业链、功能综合、省市县协同的省级茶叶产业大脑,打造茶叶数字化强县10个,数字茶园、数字茶厂100家左右。

3.聚焦融合发展,挖掘茶业有效需求"增长点"

坚持面向市场需求、契合政策目标、符合人民期盼,持续深耕加工、弘扬文化、"接二连三"*。扎实发展茶叶精深加工,扩大开发茶食品、茶保健品、茶食品添加剂等终端产品,支持抹茶产业发展和新茶饮原料产业化。深入发掘和传承底蕴深厚的浙江茶文化,加强茶博馆、茶科技馆等文化设施建设,进一步弘扬茶文化。强化国际交流与合作,推动浙江茶叶与茶文化"走出去"。充分整合利用茶产业资源,加快推进茶叶特色小镇、现代茶庄园和茶叶精品旅游点等建设,培育茶相关要素深度融合的新产业、新业态、新模式,推动茶生产、茶文化、茶旅游、茶休闲、茶养生融合发展。到2025年,建成茶叶全产业链强县10个,全域旅游强县10个,精品茶旅线路50条,服务功能齐全茶庄园200个。

---

* 接二连三的"二"代表第二产业,"三"代表第三产业,即在夯实茶叶种植基础上,发展精深加工和茶旅游、茶休闲等第三产业,延长茶产业链,推进一二三产业融合发展。

4. 强化品牌打造，营造茶业优质发展"大环境"

注重将品牌建设贯穿茶业供给体系全过程，分层次推进茶叶品牌建设，推动茶产业高质量发展。省级层面重点提升龙井茶品牌，进一步整合4个市18个生产县（市、区）资源，做精做优"西湖龙井"核心产区品牌，做大做强龙井茶"品牌集群"，到2025年实现年产值超80亿元；以绿色食品生产关键技术集成项目为抓手，支持主体绿色食品认定，到2025年，绿色食品茶叶达到800个以上。市县层面，进一步培育壮大茶叶龙头企业，鼓励龙头企业打造地域性的个性化企业品牌；大力发展茶叶专业村、专业合作社和家庭农场，全面提高茶农组织化程度，健全利益共享、风险共担机制；进一步培育新型社会化服务组织，引导开展病虫害统防统治等服务，全面提升专业化能力。到2025年，培育形成年销售额超10亿元茶叶龙头企业5家，年销售额超1亿元茶叶龙头企业50家。

第二章
绿色食品茶叶质量控制关键

绿色食品茶叶质量控制包括产地环境、投入品使用、田间管理、采收、加工、包装、运输、储藏等诸多环节。本章主要从茶园建设、茶园生产管理、茶叶加工管理三个方面阐述质量控制的重点内容和具体要求。

》第一节　茶园建设 《

绿色食品茶园除应具备优良的生态环境外,还需符合绿色食品茶叶生产的相关产地环境指标要求。

一、绿色食品茶园环境要求

(一)生态环境要求

茶园应选择在生态环境良好、无污染的地区,距离公路、铁路、生活区50米以上,工矿企业1千米以上,避开污染源;土壤肥沃,有效土层在80厘米以上,50厘米之内无硬结层或黏盘层,pH为4.5~6.5的微酸性壤质土。

茶园应建立生物栖息地,保护物种多样性,维护生态平衡。绿色食品与常规生产区域、其他农作物地块之间设置至少8米以上缓冲带或物理屏障(图2-1),预防绿色食品茶园受到污染。

图2-1　茶园周边的"树屏障"

(二)绿色食品茶叶产地环境质量要求

绿色食品茶叶产地环境的空气、水质、土壤质量条件具体指标应符合《绿色食品 产地环境质量》(NY/T 391)的规定。

1.空气质量要求

绿色食品茶园空气质量应符合表2-1要求。

表2-1 空气质量要求(标准状态)

项目	指标		检测方法
	日平均	1小时	
总悬浮颗粒物/(毫克/米³),≤	0.30	—	GB/T 15432
二氧化硫/(毫克/米³),≤	0.15	0.50	HJ 482
二氧化氮/(毫克/米³),≤	0.08	0.20	HJ 479
氟化物/(微克/米³),≤	7	20	HJ 955

注:日平均:指任何1日的平均指标;1小时:指任何1小时的指标。

2.土壤环境质量和肥力要求

土壤酸碱度、质地、温度对茶树及其根系具有极为重要的作用。土壤环境质量要求见表2-2,土壤肥力分级指标见表2-3。

表2-2 土壤环境质量指标

项目	pH<6.5	6.5≤pH≤7.5	检验方法
总镉/(毫克/千克),≤	0.30	0.30	GB/T 17141
总汞/(毫克/千克),≤	0.25	0.30	GB/T 22105.1
总砷/(毫克/千克),≤	25	20	GB/T 22105.2
总铅/(毫克/千克),≤	50	50	GB/T 17141
总铬/(毫克/千克),≤	120	120	HJ 491
总铜/(毫克/千克),≤	50	60	HJ 491

表2-3 土壤肥力分级指标

项目	级别	园地	检测方法
有机质/(克/千克)	Ⅰ	>20	NY/T 1121.6
	Ⅱ	15~20	
	Ⅲ	<15	
全氮/(克/千克)	Ⅰ	>1.0	HJ 717
	Ⅱ	0.8~1.0	
	Ⅲ	<0.8	
有效磷/(毫克/千克)	Ⅰ	>10	NY/T 1121.7
	Ⅱ	5~10	
	Ⅲ	<5	
速效钾/(毫克/千克)	Ⅰ	>100	NY/T 889
	Ⅱ	50~100	
	Ⅲ	<50	

3.灌溉用水质量要求

茶园水分一般以自然降水为主，但部分茶园采取灌溉设施，以确保干旱季节土壤和大气湿度。绿色食品茶园灌溉用水应符合表2-4要求。

表2-4 灌溉用水质量要求

项目	指标	检测方法
pH	5.5~8.5	GB/T 6920
总镉/(毫克/升)，≤	0.005	GB/T 7475
总汞/(毫克/升)，≤	0.001	HJ 694
总砷/(毫克/升)，≤	0.05	HJ 694
总铅/(毫克/升)，≤	0.1	GB/T 7475
六价铬/(毫克/升)，≤	0.1	GB/T 7467

续表

项目	指标	检测方法
氟化物/(毫克/升),≤	2.0	GB/T 7484
化学需氧量(COD_{Cr})/(毫克/升),≤	60	HJ 828
石油类/(毫克/升),≤	1.0	HJ 970

二、绿色食品茶园建设

(一)茶园规划设计

茶树喜温暖气候和酸性土壤。根据绿色食品茶园环境要求,结合茶园规模、地形和地貌等因素,统筹规划设计生产区块隔离带、道路网、防护林、排灌系统等,构建布局合理、生态平衡、生物多样、协调发展的环境友好型茶园。

1. 隔离带与防护林

绿色食品与常规生产区域间隔离带,可依托天然山、河流、湖泊和自然植被等,也可采用人工种植树林。西北方向上风口应营造防护林,主干道种植行道树,茶园四周设置隔离带,茶园内空地应植树造林,树种应选择病虫寄生少,树冠幅小,具有观赏价值和一定经济效益的落叶树种。

2. 道路网与排灌系统

茶园道路网包括主道、支道和地头道,主道路面宽度应不小于4米,连接交通干线,便于机械运输。排灌系统应根据地形分类建设,平地茶园排灌系统以排水沟(图2-2)为主,而坡地及梯地茶园以蓄水沟为主,确保遇涝能排,遇旱能灌,路路相连,沟渠相通,同时在茶园上方与树林交界处设立截洪沟(隔离沟),宽度和深度根据最大水量来确定,至少达到0.5米以上,以拦截山洪,防止水土流失,阻断野竹子等有害生物侵入茶园。有条件的茶园应配套节水灌溉系统。

图 2-2 茶园下方的排水沟

(二)茶园开垦与茶树种植

1. 茶园开垦

坡度15°以下的平缓坡地直接开垦,翻垦深度50厘米;坡度15°~25°的坡地,按等高水平线筑梯地,梯面宽应在2米以上。荒坡地开垦分初垦和复垦,初垦宜在夏季或冬季,深度一般50厘米,初垦后经过3个月以上的自然沉降;在种植前半个月进行复

图 2-3 种植时开种植沟

垦,开设深50厘米、宽60厘米种植沟(施肥沟)(图2-3),复垦与施底肥结合(图2-4),施用符合《绿色食品 肥料使用准则》(NY/T 394)要求的有机肥30~40吨/公顷,加磷肥1.50~2.25吨/公顷,施后覆土。

图 2-4　开深沟、施底肥

2. 良种选择

根据生产的茶类（如绿茶、红茶等），结合生产条件确定主栽品种和搭配品种。

（1）依据园地生态条件，如光照、水、植被及病虫草害现状，选择与之相适应的、抗性强的茶树品种。

（2）根据生产茶类选择相应适制性好、品种优异互补的茶树品种搭配。

（3）依据品种物候期，进行早、中、晚品种搭配，错开茶叶生产高峰期，合理安排劳动力。

（4）茶树品种尽可能多样化，以利于提高成品茶品质，增加茶园生态系统生物多样性。

3. 茶树种植

采用单行条植或双行条植方式种植,一般缓坡平地茶园和梯形茶园以单行条植为主(图2-5),有机茶园、坡地茶园等施肥水平较低的茶园宜双行条植(图2-6)。单行条植行距150厘米,穴距30厘米,每穴2株,每公顷用苗53000株;双行条植行距150厘米,小行距30厘米,穴距30厘米,每穴2株,每公顷用苗85000株。茶树种植后应铺草以增强土壤肥力、稳定土壤温度和优化茶树生长环境(图2-7)。

图2-5 单行条植茶园

图2-6 双行条植茶园

图2-7 种植后铺草

第二节 茶园种植管理

一、绿色食品茶叶投入品使用要求

(一)肥料使用原则

肥料是茶园优质、高产、高效的物质基础,应加强茶园养分综合管理,注重有机肥与化肥结合、基肥和追肥配合。按照《绿色食品 肥料使用准则》(NY/T 394)的要求,根据土壤理化性质、土壤肥力状况、茶树品种特性、茶树生长状况、预计产量和气候条件等因素,确定合理的肥料种类、数量和施肥时间。宜多施有机肥,在保障植物营养有效供给的基础上减少化肥用量,兼顾元素之间的比例平衡,有机氮与无机氮比例不低于1∶1,无机氮素用量不得高于当地茶树需求量的一半。

(二)病虫草害防治原则

绿色食品茶叶病虫草害防治应遵循"预防为主、综合治理"的方针,优先考虑农业防治、物理防治与生物防治措施,必要时再使用化学防控。所选用的药剂必须符合《绿色食品 农药使用准则》(NY/T 393)规定的绿色食品生产允许使用的农药清单,并获得国家在相应作物上使用登记或省级农业主管部门的临时用药许可。如果选用农药为复配制剂,则该药剂中所有有效成分均须符合上述要求。

二、绿色食品茶叶种植管理

(一)肥料使用管理

(1)选择符合《绿色食品 肥料使用准则》(NY/T 394)要求的肥料,以有机肥为主,配合施用化肥,以利于保持或提高土壤肥力及土壤生物活性。

(2)每年9月下旬—10月,在茶园秋冬养护期沟施基肥,施肥沟宜在茶树冠外叶缘下方,宽20厘米、深25厘米。一般施商品有机肥3~6吨/公顷或复

合肥1.5~3吨/公顷。饼肥须经高温发酵5~7天，充分腐熟后方可施用。自制的有机堆肥等，必须经过无害化处理，充分熟化后，由质量检验员认定核准，方可使用。

（3）每年2月上旬施用尿素或复合肥0.4~0.6吨/公顷，4月下旬修剪前施用复合肥0.3吨/公顷左右。

（4）固态肥料应开沟施肥，施用后及时覆土，保证肥料与土壤的充分接触，促进溶解与吸收。

（二）农药使用管理

（1）严格按照《绿色食品　农药使用准则》（NY/T 393）要求，遵循《农药管理条例》和《农药合理使用准则》（GB/T 8321）等相关规定，合理选择使用农药，并及时做好施药记录。

（2）施药时应根据防治对象亩施药量和施药浓度规定配制药液，严格控制单位面积的药液施用量，遵守安全间隔期，如有剩余药液，应与清洗器械的废液统一集中后妥善处理（或用于尚未施药的茶园），避免对地表水和周围环境造成污染。

（3）农资仓库应设立绿色食品农药专区，保持仓库内空气流通和清洁卫生，并有详细记录库存产品的清单。

（4）农药的容器使用后妥善处理、储存，不能用以盛装其他物品。施用农药的器械应保持良好的状态，保存所有最新的维修、保养记录，备足农药配制和喷洒的器具，器械定期进行校准以确保有效运行。

（三）早春霜冻防御

早发早采是实现浙江名优茶效益的重要因素，而早春霜冻对名优茶效益影响较大。茶园早春霜冻防御技术方法较多，既有物理方法，如覆盖、送风、喷水、熏烟等；又有化学方法，如喷施植物低温保护剂等。在实际操作中切实有效的技术措施，主要有以下几种：

1. 塑料大棚覆盖防霜技术

塑料大棚覆盖是目前茶园防霜冻效果最好的方法,特别是能够控温的设施大棚,不仅能较好的防御茶树霜冻危害,而且可提早茶园开采期和增加名优茶产量。

(1)茶树品种。以早生无性系茶树品种为主,如'乌牛早''迎霜''龙井43'等,主要是因为早生茶树品种更容易受霜冻影响,而且早生茶树品种搭塑料大棚经济效益更好。

(2)地形要求。茶园地形最好地势平坦,且茶园阳光充足、水源丰富、浇水便利、土壤较肥沃,茶园地势不平容易导致高地势的茶树受热害,而低地势的茶树保温效果不佳。

(3)大棚搭建。结合茶园规模选择单栋或连栋塑料大棚(图2-8、图2-9),根据预定的采茶计划提前一个月左右搭建即可,杭州地区可选择在2月中下旬搭建,搭建过早会增加较大的管理成本。大棚的钢管材料应选择不易生锈的不锈钢钢管,塑料最好选用透光好、保温、抗老化的无滴膜。单栋茶园大棚长度根据茶行的长度而定,一般为30~40米,宽度一般包括4~5条茶行即6~8米,顶部高度一般3~3.5米,肩高一般1.6~2米。连栋茶园塑料大棚长

图2-8 单栋茶园塑料大棚

图2-9 连栋茶园塑料大棚

度一般50米以上，每个单栋宽度6米，各栋顶部高度一般5米左右，肩高3～4米，可根据茶园面积设置多个连栋，并配备加温、补光、喷水等设施，实施智能管理。

（4）大棚管理。

①日常管理：大棚盖膜后要经常检查维护，防止风灾、雨雪积压破坏棚膜，影响保温效果。大棚茶园特别要注意温度调节，冬季气温上升至25℃，春季气温上升至30℃时，应及时通风降温；当气温下降至20℃以下时再闭门保温。一般晴天上午10时前后开启通风道，下午3时左右关闭。当气温较高，已无寒潮和低温危害时，可考虑揭膜，杭州地区大约在4月上旬。揭膜前须经数次炼茶，在揭膜前一个星期，每天早晨开启通风口，到傍晚时再关闭，连续6～7天，使大棚茶树逐渐适应自然环境，最后揭除全部棚膜。

②水分管理：大棚搭建前，茶园地面最好水分充足。搭建后，雨水不能进入，且在通风过程中会带走大量水汽，因此需要定期对大棚茶园进行灌水。一般根据茶园土壤水分亏缺状况，5～15天需要灌水1次。

③防霜冻管理：茶树萌动后，特别是一芽一叶期前后，尤其要注意防御霜冻害。杭州地区一般出现在3月上中旬，需要密切关注天气预报，突发较大幅度降温，且平均最低温度在5℃以下时，大棚要及时密封保温或增温。

④增温保温：一般在不增温的情况下大棚能较露天茶园提高最高温度5～10℃，提高日平均温度3～5℃，提高最低温度2～4℃，因此大棚对田间最低温度在-2℃以上的霜冻害具有较好的防御效果，但在-2℃以下低温时，必须及时增温才能避免茶园受霜冻侵袭。

（5）大棚覆盖效果分析。

①对茶丛温度影响变化。杭州市农业科学研究院茶叶研究所在试验茶场开展了大棚覆盖防御良种茶园早春霜冻害研究，供试品种为'乌牛早'，树龄30年，面积为7.23亩，其中大棚处理5亩，对照2.23亩。2008年5月上旬重修剪，基肥为菜饼0.2吨/亩，追肥为0.02吨/亩，其他管理相同，大棚为

图 2-10 大棚覆盖对名优茶园日温度变化的影响

钢骨架塑料大棚,肩高1.7米,顶高2.3米,跨度7.5米,覆膜时间为2009年2月10日。利用ZDR-21型温度记录仪记录下大棚覆盖条件下1天内名优茶园蓬面温度与对照无覆盖名优茶园蓬面温度的试验变化(图2-10)。结果表明,大棚覆盖能有效地提高名优茶园内蓬面的温度,无覆盖茶园最低温度达到-0.7℃,最高温度仅为19.9℃,覆盖茶园温度最低为2.0℃,最高达到27.3℃,均较对照有较大幅度的提高,并将蓬面平均温度从8.14℃提高到11.65℃,增温43.12%,达到极显著水平。从茶园田间观测看,无覆盖名优茶园受低温霜冻害影响,出现顶芽焦灼,枯死现象明显,顶芽受冻率在85%以上,而覆盖茶园则能较好地保护茶树芽头正常生长,几乎没有受冻现象,只有少量出现高温灼伤,因此覆盖处理防霜冻效果远远超过40%,高达80%左右。

②对茶树萌发和产量的影响变化。2009年春茶期间,杭州市农业科学研究院茶叶研究所在试验茶场八缸山对7.23亩早芽茶树良种'乌牛早'进行了大棚覆盖对茶树冻害和明前茶产量的影响研究。试验结果表明(见表2-5),大棚覆盖不仅能较好的防御茶树霜冻的危害,而且提早茶园开采期和增加名优茶产量,无覆盖(对照)茶园开采期为3月19日,而覆盖茶园开采期提前到2月25日,提前开采期22天,平均产量达到22.85千克/亩,较对照茶园的10.8千克/亩增产达到111.57%,增产效果极其显著。

表2-5 大棚覆盖对名优茶萌发和产量的影响

处理	日期													合计产量/千克	平均亩产/(千克/亩)
	2-25	3-2	3-6	3-8	3-10	3-11	3-12	3-14	3-17	3-18	3-19	3-22	3-23	3-25	3-27		
大棚覆盖/千克	2.35	3.05	4.8	5.85	11.30	14.05	12.05	10.20	16.90	17.60	15.90					114.15	22.85
对照/千克									1.10	7.20	1.50	4.50	10.75			25.05	10.80

③成本效益分析。大棚覆盖能明显阻隔低温，不仅仅是霜冻害，而且能对雪冻等危害具有较好的防御作用，大幅提早茶园开采期，增加茶园产量，带来明显的经济效益。钢管塑料大棚直接投入成本为12000元/亩左右，按5年使用寿命进行折算，每年成本2400元/亩左右，管理成本较对照无覆盖增加了覆膜、揭膜、拆膜和灌水，共需5个工(覆膜和拆膜1个工、揭膜3个工、灌水2个工)，按每个工60元计算，则人工成本300元/亩，合计成本2700元/亩。大棚茶鲜叶价格按200元/千克计，露地茶鲜叶价格按100元/千克计，则大棚鲜叶亩产值为4570元/亩，露地茶鲜叶亩产值为1080元/亩，扣除材料成本和人工成本，大棚覆盖比对照不覆盖茶园可净增利润790元/亩，经济效益非常显著。

2. 遮阳网等蓬面覆盖防霜技术

蓬面覆盖是最简单易行和经济有效的茶园防霜冻方法。在霜冻来临前，用稻草、遮阳网等覆盖茶树树冠，以消解平流辐射降温，提升地温，减少叶片水分散失，并避免冷冻霜与茶芽直接接触，减轻受害程度。该方法特别适合茶农小面积范围内使用，可就地取材，方便、快捷、有效，但大面积覆盖需要较高的人力和物资。

(1)材料选择。

覆盖材料可选范围较广，推荐使用遮阳网、无纺布或彩条布。遮阳网是

图2-11 无纺布覆盖

图2-12 彩条布覆盖

茶园常用覆盖材料，春季可以防御霜冻，夏秋季可以防高温。无纺布覆盖茶蓬防霜冻效果最好，具有较好的保温、隔离霜冻和降低茶芽受冻率等效果。对比试验表明，无纺布和4层75%遮光率的遮阳网覆盖效果较好，能降低茶树日最高温度，提高日最低温度，且缩短低温持续的时间，并且对茶树芽头能起到最直接有效的防护，其防御效果均能达到70%左右，而单层75%遮光率的遮阳网和塑料膜直接覆盖效果要略差，其防御效果只有20%~30%。因此，建议选择无纺布、彩条布覆盖或者遮阳网多层覆盖。

采用遮阳网、无纺布或彩条布等直接覆盖茶丛蓬面一般可以提高田间最低温度1~2℃，因此其对于-1℃以上的轻度茶园霜冻害具有较好的防御效果，低于-1℃以下的低温霜冻会使茶园受到霜冻害侵袭。

塑料薄膜不宜直接覆盖茶丛防霜，如要使用塑料薄膜作为覆盖材料，最好架棚或者在遮阳网覆盖的基础上使用。

（2）覆盖方法。

蓬面覆盖可以直接覆盖（图2-13），也可以搭棚覆盖（图2-14）。直接覆盖多为临时性的茶园霜冻害防御方法，覆盖时间不长，覆盖期间也没有特别管理措施。春茶萌发期间，可以根据天气预报，在霜冻害来临前1~2天进行蓬面直接覆盖。2米宽的遮阳网可以直接覆盖1条茶行，6米或8米宽的遮阳网

图 2-13 遮阳网直接覆盖

图 2-14 遮阳网搭棚覆盖

可以覆盖多条茶行,用铁丝或绳索固定在茶树上,防止强风吹落。为增强防霜冻效果,也可采用多层方式覆盖。必要时在确定霜冻害解除后,揭开覆盖物即可。

搭棚覆盖是指搭建离地面2米左右高度的棚架,然后将覆盖物固定在棚架上起到防御霜冻害的效果。搭棚覆盖虽然增加了覆盖成本,但隔离霜冻的效果要略优于直接覆盖,且覆盖物可以固定在棚架上,随时覆盖和收起,较直接覆盖更加便利。立柱比较经济的方式是采用10厘米×10厘米的水泥柱。棚架可以采用钢管、铁丝或毛竹等。搭棚覆盖在春季防御霜冻害的管理操作方法与直接覆盖一致,即霜冻来临前覆盖,冻害结束后收起即可。

(3)覆盖效果分析。

①对茶丛温度变化的影响。在春茶生产期间,出现霜冻危害前,通过蓬面直接覆盖可以提高茶丛温度1~2℃,降低茶芽的受冻率。根据杭州市农业

科学研究院茶叶研究所2007年试验研究结果(图2-15)表明,对照无覆盖茶丛夜间降温最快,温度波动幅度最大,极端最低温度为-1.9℃,0℃以下低温所持续的时间为8小时,白天升温最快,平均温度高于3个处理茶园。无纺布覆盖茶丛极端最低温度为-0.5℃,0℃以下低温所持续的时间也最短,仅为5小时。单层75%遮光率的遮阳网覆盖茶丛出现0℃以下低温的持续时间最长,长达10小时,明显长于对照和其他处理。4层75%遮光率的遮阳网覆盖茶丛夜间出现的极端最低温度比无纺布覆盖低,比对照无覆盖和单层75%遮光率的遮阳网覆盖高,白天升温最慢。

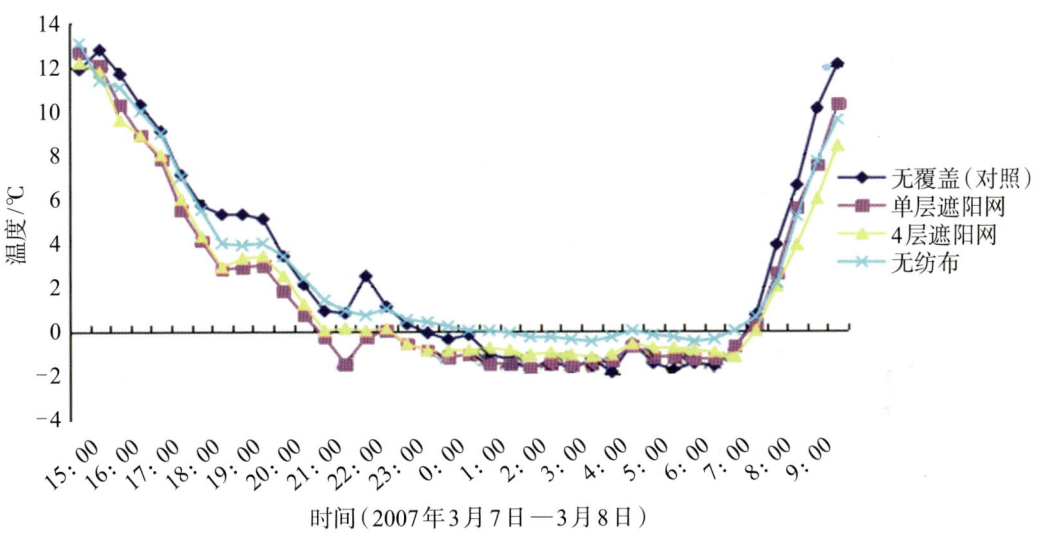

图2-15 不同覆盖处理对茶丛温度变化的影响

②对茶芽受冻率的影响。杭州市农业科学研究院茶叶研究所2007年试验研究表明,当茶园春季出现霜冻危害,最低温度为-2℃时,通过直接覆盖无纺布茶芽平均受冻率为32.3%,较对照降低了30%以上。供试茶园于2月28日大面积开采,3月6—7日出现了较严重的霜冻,茶园夜间极端最低温度为-2.5℃,白天极端最高温度为21℃,3月5日下午覆盖,3月8日上午揭开覆盖物,受冻芽叶呈明显褐色或焦头。3月8日下午调查统计表明(表2-6),

对照无覆盖茶树平均受冻率为69.5%，仅有少量低位芽头没有受冻；无纺布覆盖茶树平均受冻率为32.3%，与无纺布直接接触的顶部芽叶有明显受冻情况；单层75%遮光率的遮阳网覆盖茶树中上部芽叶均有受冻情况，顶端受冻尤其严重；4层75%遮光率的遮阳网覆盖茶树平均受冻率仅为20.9%，顶端及边缘枝条有霜冻发生。

表2-6 供试茶园调查统计表

处理		重复一			重复二			重复三			平均受冻率/%
		受冻芽头数/个	芽头总数/个	受冻率/%	受冻芽头数/个	芽头总数/个	受冻率/%	受冻芽头数/个	芽头总数/个	受冻率/%	
对照组	无覆盖	103	148	69.6	121	188	64.4	122	164	74.4	69.5
1	无纺布	51	180	28.3	64	173	37.0	51	162	31.5	32.3
2	单层遮阳网	88	146	60.3	91	169	53.9	105	214	49.1	54.4
3	4层遮阳网	36	178	20.2	50	160	31.3	18	161	11.2	20.9

③成本效益分析。规格为120克/米²的无纺布价格为2.04元/米²，单层75%遮光率的遮阳网价格为1.0元/米²，4层75%遮光率的遮阳网价格为4.0元/米²；4层75%遮光率的遮阳网的用工成本是无纺布覆盖和单层遮阳网覆盖的4倍，每个工按60元计。不同覆盖处理的产量、成本和效益分析结果如表2-7所示。

表2-7 不同覆盖处理茶树效益分析

处理		鲜叶产量 千克/亩	鲜叶产值 元/亩	覆盖材料总成本 元/亩	年耗材料成本 元/(亩·年)	人工成本 元/亩	效益 元/亩
对照组	无覆盖	41.07	2053.33	0	0	0	2053.33
1	无纺布	93.07	4653.33	1360.68	453.56	60	4139.77
2	单层遮阳网	63.55	3266.67	667	222.33	60	2984.34
3	4层遮阳网	105.33	5266.67	2668	889.33	240	4137.34

无纺布覆盖和4层遮阳网覆盖的增产效果都在100%以上,而覆盖材料成本分别为1360.68元/亩和2668元/亩,覆盖材料均可重复使用3年以上,平均年成本分别为453.56元/亩和889.33元/亩,扣除成本,则无纺布覆盖和4层遮阳网覆盖年可增加效益分别为2086.44元/亩和2084.01元/亩,经济效益均非常显著。

3. 其他茶园防霜冻技术

防霜风扇和喷水洗霜等其他茶园防霜冻技术应用较少见,主要是因为设备一次性投入成本较高,还需要电力保障及维护运行,而且后者还需要水源保障,在以山坡地为主的茶园中大规模推广应用难度较大。现将这两种茶园防霜技术简单介绍,供有条件的规模化企业选择使用。

(1)防霜风扇(图2-16)。防霜风扇目前主要在日本应用较为成熟,浙江省少量茶园引进安装。在茶园离地6~7米的高度安装防霜专用风扇,并配套控制系统,风扇回转直径90厘米,俯角30°,每台风扇约管理茶园1~1.5亩。

主要原理是逆温霜冻发生时进行空气扰动增温。在晴朗无风或微风的夜晚,地面因辐射冷却而降温,与地面接

图2-16 防霜风扇

近的空气冷却降温最强烈,而上层的空气冷却降温缓慢,因此使低层大气产生逆温现象。当防霜风扇系统自带温度传感器探测到茶树冠层气温低于设定温度时,防霜风扇就会自动开启,风扇搅动空气,将上方暖空气输送到茶树冠层,使冷暖空气充分混合以提高茶树冠层气温,从而达到防霜冻的目的。

防霜风扇只有在逆温霜冻时有一定效果,一般约能提高温度2℃左右。

(2)喷水洗霜。主要是利用在茶园中安装的喷灌设施(图2-17)对霜冻发生时的叶面进行喷水作业,保持叶面温度在0℃左右而减轻霜冻危害的一种防霜方法。

图2-17 喷灌设施

(四)茶园作业机械设备使用管理

(1)茶园使用的机械设备,包括除草工具、修剪工具、采茶工具、施肥用具、施用农药用具、耕作机械、运输设备等,要严格按操作说明正确使用,并按照维修说明定期进行清洁、维修和保养。

（2）所有机械设备、作业工具、采茶工具等都应设置专门的存放位置，每次使用后清理干净附着的泥土、杂草等。

（3）绿色食品鲜叶运输车辆应实行专车专用，不能与常规生产鲜叶混放。

（4）手工采摘茶叶使用的提篮和盛装鲜叶的竹筐，要清洗干净，在阴凉清洁处晾干后方可使用。

（五）鲜叶采收

（1）采用提手采摘，双指捏芽叶使其弯曲、自然断裂，杜绝掐、捋、抓等不正确采法。不采残、破、碎、虫、冻伤叶和无芽叶，保持芽叶完整、新鲜、匀净，不夹带鳞片、茶果和老枝叶。

（2）宜用清洁卫生、透气性良好的竹篮、篓筐等用具盛装，杜绝布袋、塑料袋、塑料桶等用具并避免不紧压。鲜叶运送应及时，防止鲜叶变质和混入有毒、有害物质。

（3）做好鲜叶采摘记录，应包含规范明显的标识，注明地块、品种、数量、时间、采摘方式，编制可追溯体系批次号。

（六）田间管理记录

茶园田间管理记录本常包含封面（图2-18）和3张表格（表2-8、表2-9、表2-10），具体如下：

1. 封面

包含地片名称、茶树品种、种植年月、面积、记录人等信息。

XXX（公司名称或个人姓名）

XXX年茶园田间管理记录本

（序号：　　　　）

地片名称：

茶树品种：

种植年月：

面　　积：

记 录 人：

图2-18　管理记录本封面示例

2. 茶园农事活动记录表

茶园农事活动记录表示例见表2-8。

表2-8　XXXX年　茶园农事活动记录表

日期 月／日	工作内容	工作方式	工作人员姓名	投入品	备注

说明：1. 若有间作或套作作物，其管理工作情况也填入上表；
　　　2. 投入品包括商品化肥、农药、有机肥、饼肥、秸秆、农家肥、绿肥等；
　　　3. 修剪作业在备注中说明修剪枝叶处理方式。

3. 茶园有机肥与化肥使用表

茶园有机肥与化肥使用表示例见表2-9。

表2-9　XXXX年　茶园有机肥与化肥使用表

日期 月／日	名称	来源	施用量／ （千克／亩）	商品有机肥有效成分 氮磷钾总量／%	有机质 含量／%	无害化 处理方式

注：该表应根据同一地片茶园农事活动记录表相关工作的时间依次填写。

4. 茶园农药使用情况表

茶园农药使用情况记录表详见表2-10。

表2-10　XXXX年　茶园农药使用记录表

日期/ (月/日)	农药名称 (包括商品名 称、常用名)	来源	施药量/ (毫升/亩)	用水量/ (千克/亩)	防治对象	安全 间隔期/天

注：该表应根据同一地片茶园农事活动记录表相关工作的时间依次填写。

(七)土壤管理、天敌和环境保护

1. 土壤管理

（1）种植绿肥。可发挥保坎护梯作用，梯壁种植绿肥，应及时在行间铺草覆盖，可使用未经污染的植物源覆盖物如青草、稻草、秸秆等，用量15～20吨/公顷。

（2）枝叶还田。茶树成园投产后修剪枝叶（不包括病虫害为害后需处理的枝叶）应作还田处理，可提高土壤有机质含量，提高茶树抗旱、抗冻能力。

（3）定期监测。应定期检测土壤肥力水平、重金属元素含量和土壤pH，并根据检测结果，有针对性地采取土壤改良措施。

2. 天敌和环境保护

（1）茶行中间、茶园道路和周边等可以适当保留杂草。

（2）不影响茶园种植和生产加工的非茶树种植区，原生和次生森林不得砍伐或毁坏，有利于害虫天敌栖居，且能防止水土和养分流失。

（3）尽可能采用修剪和耕锄等方式控制草害，距离河流、溪水10米内禁止使用农药和肥料。

（八）垃圾和污染物处理

（1）按照垃圾分类要求配备垃圾桶，每天定时进行收集清理。生活垃圾和生产垃圾由专人收集，集中运至垃圾处理场。必要时使用生石灰、消毒剂对垃圾箱等进行清洗或喷洒。

（2）禁止将生活垃圾（废塑料袋、饮料瓶等）带进茶园，及时清扫茶园垃圾及废弃物，防止产生二次污染。

（3）塑料袋、编织袋、肥料和植保产品外包装等经焚烧后会产生有毒气体，应及时收集存放，按有关规定集中处理。禁止在茶园及周围农田、聚居点焚烧。

》 第三节　茶叶加工管理 《

绿色食品茶叶加工管理包括厂区环境、生产布局、设施设备、卫生标准、加工管理、加工记录、包装贮运等。

一、绿色食品茶叶加工生产关键点

（1）茶叶加工厂所在位置应生态环境良好，交通便利。同时，距离公路、铁路、生活区50米以上，工矿企业1千米以上，远离现实和潜在污染源，如垃圾场、医院、畜牧场、有三废排放的工矿企业、餐饮服务企业等，且生产区和生活区隔离分开。

（2）茶叶加工厂应获得国家市场监管部门颁发的食品生产许可证（SC认证）。茶叶加工设施设备应达到食品加工要求，设备器具采用不含污染物的材料制成,允许使用竹子、藤条等天然材料制成的器皿,以及不锈钢器具、食品级塑料;直接与茶叶接触的部件不得使用高含铅材料(如铅青铜、锡青铅等)制造。加工生产用水应符合《生活饮用水卫生标准》(GB 5749)和《绿色食品　产地环境质量》(NY/T 391)要求。

(3)如存在平行加工生产,应制定平行加工管理制度,明确绿色食品生产原料验收标准、仓储地、设施设备、运输车辆、生产人员等关键环节具体要求,确保与常规生产有效区分。

(4)绿色食品茶叶应符合《绿色食品　茶叶》(NY/T 288)要求。包装材料应符合《中华人民共和国食品卫生法》关于食品包装的规定和《绿色食品　包装通用准则》(NY/T658)要求,运输储藏还应符合《绿色食品　储藏运输准则》(NY/T 1056)要求。

二、绿色食品茶叶加工技术与质量控制

(一)茶厂规划与建设

(1)按照食品加工和《绿色食品　产地环境质量》(NY/T 391)要求进行选址与规划。通常茶叶加工厂由加工区、办公区、生活区组成。加工区应与办公区、生活区隔离,加工区厂房应根据茶叶加工工艺要求进行合理布局,并保持厂房周围环境的绿化、净化和美化。

(2)加工区应有满足产品批量生产要求的车间与场地。场内主要道路应铺设硬质路面,易于排水,严格防止尘土、污水以及本系统外的各种污染。车间要按照国家食品卫生标准,安装排气、除尘装置和防蝇、防尘、防潮设施,空气流通、采光明亮,室内无蚊蝇、地面无尘埃,墙壁门窗无霉斑,防止有害动物、昆虫与杂物污染茶叶。尤其摊青室要安装换气扇,保持清洁、阴凉。

(3)加工厂内应设置更衣、洗手、照明、洗涤、通风、除尘及垃圾箱等设施。更衣室内设置储物柜方便员工存储物品,照明灯须防爆或加防护罩,防止破碎玻璃或金属伤害人员,污染茶叶。

（二）加工卫生要求

（1）各种设备与场地，应保持整洁、卫生，经常清洗或消毒。使用的消毒剂必须是无污染的天然物品或绿色食品生产允许使用的植保产品。

（2）加工结束后，必须对机器及工作周围场地进行彻底清扫，废料如地末灰等，要放到有标识的废物容器中，可经无害化处理（堆制、高温发酵）后作茶园肥料。

（3）按照环保要求处理厂区的加工废水、生活污水、茶叶加工及生活垃圾，彻底消除有害生物的滋生场所。

（三）加工生产人员要求

（1）从事茶叶加工、包装和管理人员，必须经过健康检查，每年体检取得健康合格证后才能上岗，不允许患有传染病的人员参与茶叶生产和管理。

（2）加工生产人员要严格执行绿色食品加工生产操作规程和食品卫生规定，保持个人卫生，穿戴经过统一消毒、定期清洗的工作服上岗，确保工作前手、衣、帽洁净，穿戴整齐，头发不露于帽外。严禁将与生产无关的物品带入加工场所。

（3）严格人流与物流分开。加工生产人员应从规定的门进入，其他人员未经允许不得进入车间作业现场，得到许可的，也须按工作人员要求进入生产车间。

（四）加工生产要求

（1）茶鲜叶进厂时必须进行验收并做好验收记录，包括验收日期、基地名称、地块号、数量、等级等信息，形成原料批次号。

（2）根据各类茶叶产品的企业标准，按原料的级别、批次，采用相应的加工工艺流程与加工技术，按照绿色食品生产操作规程进行茶叶制作，并做好加工记录。绿色食品茶叶应与常规产品从时间或空间上分开加工、记录。

（3）茶叶加工中只允许使用机械、物理和自然发酵等方法，禁止使用和添加任何化学合成的食品添加剂、色素、维生素等物质。

(4)茶叶检验要先筛分和拣剔,除去物理危害(如石子、金属、塑料、玻璃碎片等),再进行有毒、有害物质的检验,杜绝掺假、含有非茶类物质以及有异味、霉变、劣变或其他不符合卫生要求的茶叶,做好绿色食品茶叶合格出厂记录。

(五)包装、储藏与运输要求

(1)严格遵守《中华人民共和国食品卫生法》和《绿色食品 储藏运输准则》(NY/T 1056)、《绿色食品 包装通用准则》(NY/T 658)要求。

(2)茶叶仓库应保持清洁卫生、干燥,做好防鼠、防虫、防霉工作,严禁使用人工合成的杀虫灭鼠剂。包装后的茶叶应于专用仓库中冷藏,仓库温度5~8℃,相对湿度≤50%,不得与常规茶混放。

(3)建立严格仓库档案管理,详细记载出入仓库的茶叶批号、数量和时间。入库的茶叶标志和批号应清楚、醒目、持久,严禁受到污染、变质以及标签、批号与货物不一致的茶叶进入仓库。半成品、成品包装上注明产品名称、数量、生产日期、原料批次号、出入库日期等,不同批号、日期的产品应分别存放。产品发货记录应注明客户名称。

(4)包装车间应清洁卫生,包装材料必须是食品级包装材料,具有保鲜性能(如防潮、阻氧等),无异味,并不得含有荧光染料等污染物,放置于清洁卫生区域。要尽量减少茶叶原有营养成分及色泽的损失,便于储存及运输,延长保质期,且避免过度包装。

(5)运输茶叶的工具必须清洁卫生、干燥、无异味,严禁与有毒、有害、有异味、易污染的物品混装,混运。装运前必须对茶叶的质量进行检查,在标签、批号和货物三者符合的情况下才能运输。茶叶运输单据,要字迹清楚、内容正确、项目齐全。运输过程中必须稳固、防雨、防潮、防暴晒,装卸时应轻装轻卸,防止碰撞。

第三章
生态茶园主要有害生物

有害生物防治是茶园管理的重要内容。我国茶叶产区主要分布在亚热带地区,气候温暖湿润,适宜病虫草害发生、繁衍和为害,易造成茶叶减产以及品质下降。茶园有害生物主要包括茶尺蠖、灰尺蠖、油桐尺蠖、绿盲蝽、茶小卷叶蛾、茶毛虫、茶刺蛾、茶天牛、茶茸毒蛾、茶丽纹象甲等食叶类害虫和小贯小绿叶蝉、黑刺粉虱、茶橙瘿螨、茶蚜、蓟马类、蚧类和蜡蝉类等吸汁类害虫,以及茶炭疽病、茶饼病、茶轮斑病、茶云纹叶枯病等主要病害。

» 第一节 主要害虫 «

一、茶尺蠖与灰尺蠖

茶尺蠖(*Ectropis obliqua* Prout)与灰尺蠖[*Ectropis grisescens* (Warren)]是茶树害虫尺蠖类的2个近缘种,两者形态特征极其相似,俗称拱拱虫、拱背虫、吊丝虫,属鳞翅目、尺蛾科,主要分布于浙江、江苏、安徽、湖南等地。它们是为害茶树的重要的食叶类害虫,在浙江多数茶区可两种同时混合发生。以茶尺蠖为例简介如下:

1. 形态特征

成虫 体长9~12毫米,翅展20~30毫米。头部小,复眼黑色近球

图 3-1 茶尺蠖成虫

形，触角丝状，灰褐色。体色有灰白色和黑色两种。黑翅型翅黑色，线纹不明显。灰白色个体翅面疏被灰白色鳞片，前翅有内横线、外横线、亚外缘线、外缘线各1条，弯曲成波状纹，外缘线色稍深，沿外缘具黑色小点7个；后翅有两条横纹，外缘有5个小黑点。详见图3-1。

卵 椭圆形。初产时鲜绿色，后变为灰褐色，孵化前为黑色。常数十粒至百余粒叠加成堆，上覆白色絮状物。

幼虫 1龄幼虫体黑色，后期转褐色，各腹节有白色小点组成的白色环纹和纵线（图3-2）；2龄幼虫体黑褐色至褐色，腹节白点消失，第一、第二腹节背面出现2个黑色斑点；3龄幼虫茶褐色，第二腹节背面有一"八"字形黑纹（图3-3）；4～5龄幼虫体深褐色，自腹部第二节起背面出现黑色斑纹及双重菱形纹（图3-4）。

图3-2 茶尺蠖1龄幼虫　　图3-3 茶尺蠖3龄幼虫　　图3-4 茶尺蠖4～5龄幼虫

蛹 长椭圆形，赭褐色，臀棘近圆锥形（图3-5）。主要生长在茶树根际附近的表层土中。

2. 为害特征

幼虫喜食嫩芽叶（图3-6），1～2龄幼虫时常集中为害，1龄幼虫取食嫩叶叶肉，留下表皮；

图3-5 茶尺蠖蛹

2龄幼虫能穿孔或自叶缘咬食，形成缺刻；3龄幼虫开始分散为害，食量渐增，嫩芽叶食尽后取食老叶；4龄后进入暴食期，大发生时可将整片茶园啃食一光，状如火烧，对茶叶生产影响极大。由于该虫发生代数多，繁殖快，蔓延迅速，极易暴发成灾。

图3-6　茶尺蠖为害

3. 发生规律

茶尺蠖在浙江、江苏、安徽等茶区年发生5~6代，以蛹在茶树根际附近土壤中越冬，翌年2月下旬至3月上旬开始羽化。第一代卵在4月上旬开始孵化，孵化高峰期在4月中下旬；第二代孵化高峰期在6月上中旬；第二代后世代重叠，7—9月夏秋茶期间为害重。其发生严重程度主要受气候和天敌的影响较大，冬季若特别寒冷，则越冬蛹死亡率高，翌年虫口基数减少，发生较轻。其天敌主要有茶尺蠖、绒茧蜂、单白绵绒茧蜂与蜘蛛、茶尺蠖核型多角病毒等。

二、小贯小绿叶蝉

小贯小绿叶蝉 [*Empoasca*（*Matsumurasca*）*onukii* Matsuda] 属半翅目、叶蝉科，全国各产茶区均有分布，是我国茶区分布最广、为害最重的一种茶树吸汁类害虫。

1. 形态特征

成虫 淡绿色至黄绿色，体连翅长3.1~4.0毫米。头前缘有一对绿色圈，复眼灰褐色。翅膜质；前翅淡黄绿色，基部颜色较深，翅端透明或烟褐色；后翅无色透明，腹面黄绿色。详见图3-7。

图3-7 小贯小绿叶蝉成虫

图3-8 小贯小绿叶蝉卵

卵 新月形（图3-8）。初产时乳白色，后渐变为淡绿色。

若虫 1龄若虫乳白色，复眼突出，头大、体纤细；2龄若虫体淡黄色，体节分明；3龄若虫体淡绿色，腹部明显增大，翅芽开始显露；4~5龄若虫体淡绿色，翅芽明显可见。见图3-9。

图3-9 小贯小绿叶蝉若虫

2. 为害特征

以成虫和若虫吸取茶树芽叶（图3-10）等幼嫩组织汁液，影响树体营养物质的输送，导致芽叶失水、生长迟缓（图3-11）。茶树受害后其发展过程分为失水期、红脉期、焦边期、枯焦期。受害芽叶在加工过程中碎末茶增加，产量和品质受到严重影响。

3. 发生规律

发生代数因地理位置、气候环境条件而异，长江流域茶区年发生9～11代，福建茶区年发生11～12代，海南茶区年发生13代以上。在长江中下游

图3-10 小贯小绿叶蝉为害芽叶

图3-11 受小贯小绿叶蝉为害的整片茶园

茶区一般以成虫越冬,早春转暖时成虫开始取食为害,茶树发芽后开始陆续孕卵和分批产卵。卵散产于茶树嫩茎皮层和木质部之间,以顶芽下第二与第三叶之间的茎内最多。若虫栖于芽叶嫩梢叶背及嫩茎上,以叶背居多。生长繁殖的最适温区在20~26℃。当出现连续平均气温在29℃以上时,虫量急剧下降。雨日多,时晴时雨的天气利于其繁殖。在适宜条件下15~20天即可完成1个世代,虫态混杂、世代重叠。浙江大部分地区一般年份有两个发生为害高峰,第一峰为5月下旬至7月上旬,第二峰为9月。

三、茶橙瘿螨

茶橙瘿螨(*Acaphylla steinwedeni* Keifer)又称斯氏尖叶瘿螨,属蜱螨目、瘿螨科,在我国各产茶区均有分布。

1. 形态特征

成螨 体长约0.14毫米,橙红色,长圆锥形。前端体宽,向后渐细似胡萝卜状。体前段有2对足伸向前方。腹部密生褶皱环纹,腹末端有1对尾毛。见图3-12。

图3-12 茶橙瘿螨成螨

卵 球形，半径约0.04毫米。初产时无色透明，有水珠状光泽。

幼螨 椭圆形，体长约0.08毫米，宽约0.03毫米，初孵化时乳白色，背盾板饰纹和生殖器盖片未形成，体环不明显，经第一次静止蜕皮后即成为若螨。

若螨 卵圆形，体长约0.1毫米，宽约0.04毫米，淡橘黄色，体形与成螨相似，但腹部环纹趋于明显，背部盾板饰纹已出现，但生殖区仅出现1对生殖毛，而生殖器盖片仍未形成。

2. 为害特征

以成螨和幼螨、若螨刺吸茶树叶片汁液，成螨趋嫩性强，多为害新梢一芽二、三叶，常聚集在茶丛上部尤其是嫩叶背面。在螨量少时为害不明显，螨量较多时被害叶片叶脉发红，失去光泽，芽叶萎缩，呈现不同色泽的锈斑（图3-13），叶脆易裂，严重时造成落叶，树势衰弱。

图3-13 受茶橙瘿螨为害的叶片

3. 发生规律

各地发生代数不一样，长江流域茶区一年发生20余代，世代重叠，虫态混杂，以各虫态在成叶、老叶背面越冬，营孤雌生殖。卵散产于嫩叶背面，尤以侧脉凹陷处居多。在浙江一般全年有两次明显的为害高峰，第一次为害高峰在5—6月，第二次为害高峰在8—10月，对夏秋茶影响较大。

四、黑刺粉虱

黑刺粉虱（*Aleurocanthus spiniferus* Quaintance）又称橘刺粉虱，属半翅目、粉虱科，在我国各产茶区均有分布，可为害茶树、梨、榆、柑橘、油茶等多种林木。

1. 形态特征

成虫 体长1～1.3毫米，腹部橙黄至橙红色，薄覆白粉，前翅紫褐色，上有9个不规则形白斑；后翅略小，淡褐色，静止时呈屋脊状。见图3-14。

卵 长椭圆形，略弯曲，似香蕉状，长0.25毫米，基部钝圆，具

图3-14　黑刺粉虱成虫

1小柄，直立附着在叶上。初产时乳白色，后渐变为橙黄色至棕黄色，近孵化时紫褐色。见图3-15。

若虫 体扁平，椭圆形，共4龄，体周缘泌有明显的白蜡圈。初孵若虫淡黄色，后变黑色，体背有6对刺状物，背部有2条弯曲的白纵线；2龄若虫体黑色，背渐隆起，背部有刺状物8对，体背附1龄若虫蜕皮壳；3龄若虫体黑色，

图3-15　黑刺粉虱卵

四周敷白色粉状蜡，背隆起，有刺状物29（雄）～30（雌）对，刺状物披针状，不竖立，体背附蜕皮壳。

伪蛹 为4龄若虫后期的一个虫态，近椭圆形，背面隆起，黑色，有光泽，四周敷白色水珠状蜡，背部刺状物数量同3龄若虫，但刺状物竖立。见图3-16。

2. 为害特征

成虫喜停息在茶树嫩芽叶上或

图3-16　黑刺粉虱伪蛹

图 3-17　黑刺粉虱为害茶园

嫩叶背，吸取汁液补充营养。若虫则固定在叶背刺吸汁液为害茶树，同时分泌蜜露诱发茶煤病，影响茶叶产量和品质。见图3-17。

3. 发生规律

在长江中下游地区年发生4代，以老熟若虫在叶背越冬。发生不整齐，往往各种虫态并存。越冬若虫于3月上旬至4月上旬化蛹，3月下旬至4月上旬羽化为成虫。成虫多在早晨露水未干时羽化，刚羽化后喜欢荫蔽的环境，日间常在树冠内幼嫩的枝叶上活动。羽化后2～3天，便可交尾产卵，多产在叶背，散生或密集成圆弧形。若虫孵化后作短距离爬行吸食。蜕皮后将皮留在体背上，以后每蜕一次皮均将上一次蜕的皮往上推而留于体背上。2～3龄若虫固定为害，严重时排泄物增多，诱发煤烟病。

五、茶丽纹象甲

茶丽纹象甲（*Myllocerinus aurolineatus* Voss）又称茶小绿象甲、小绿象鼻

虫、花鸡娘，属鞘翅目、象甲科，主要分布于浙江、安徽、福建、湖南等地。可为害茶树、山茶、油茶、柑橘、梨、桃等多种植物，是我国茶区夏茶期间的主要害虫之一。

1. 形态特征

成虫 体长6～7毫米，灰黑色，体背有黄绿色闪光鳞片组成的斑点和条纹。触角膝状，11节，柄节较直而细长，端部3节膨大。复眼近于头的背面，略突出。前胸背板宽大于长。鞘翅上也具黄绿色纵带，近中央处有较宽的黑色横纹。见图3-18。

图3-18 茶丽纹象甲成虫

卵 椭圆形。初为黄白色，后渐变为暗灰色。

幼虫 乳白至黄白色。体肥而多横皱，略弯曲，无足。见图3-19。

蛹 裸蛹，长椭圆形，羽化前灰褐色。见图3-20。

图3-19 茶丽纹象甲幼虫（付楠霞 摄）　　图3-20 茶丽纹象甲蛹（付楠霞 摄）

2. 为害特征

成虫取食嫩芽叶和新梢进行为害，自叶缘咬食，呈许多半环形缺刻，严重时仅剩叶片主脉，影响产量和树势。见图3-21。

图3-21　茶丽纹象甲为害茶园

3. 发生规律

以老熟幼虫在茶丛根际土壤中越冬，在我国茶区年发生1代。根际周围33厘米、深10厘米以内的土壤中虫口最多。蛹多于白天上午羽化，初羽化出的成虫乳白色，在土中潜伏2～3天，体色由乳白色变成黄绿色后才出土。5—6月为成虫为害盛期。成虫有假死习性。成虫交配后将卵产在茶树根际附近的落叶上或表土上，产卵盛期在6月下旬至7月上旬。

六、绿盲蝽

绿盲蝽（*Apolygus lucorum* Meyer-Dür）又称小臭虫、破叶疯，属半翅目、盲蝽科，分布于我国各产茶区。除为害茶树外，还可为害棉花、豌豆、苹果等。

1. 形态特征

成虫 体长5毫米左右，淡绿色，长卵圆形。前胸背板、小盾片及前翅半革质部分均为绿色，前胸背板多刻点。前翅膜质部暗灰色半透明。

卵 长而略弯，似香蕉，淡绿色。

若虫 共5龄。洋梨形，全体鲜绿色，被稀疏黑色刚毛。头三角形，唇茎显著。眼小，位于头两侧。触角4节，比身体短。

2. 为害特征

趋嫩为害，以若虫和成虫刺吸幼嫩芽叶为害茶树。受害幼芽呈现许多红点，而后变褐成为黑褐色的枯死斑点。待芽叶伸展后，叶面呈现不规则的孔洞，叶缘残缺破裂，俗称"破头疯"。受害芽叶卷曲畸形，生长缓慢，严重影响其产量和品质。见图3-22。

3. 发生规律

在长江流域年发生5代，以卵在冬作豆类、苕子、蒿类、苜蓿等植物茎梢内越冬，在茶树上则以卵在枝条或杂草上越

图3-22 绿盲蝽为害芽叶

冬。越冬卵于4月上旬，当气温回升到11～15℃时开始孵化，4月中旬气温在15℃以上进入盛孵期，主要为害春茶。

七、茶卷叶蛾

茶卷叶蛾（*Homona coffearia* Nietner）又名褐带长卷蛾、柑橘长卷蛾，属鳞翅目、卷叶蛾科，分布于江苏、浙江、广西、广东等地。

1. 形态特征

成虫 雌蛾体长约10毫米，翅展23～30毫米，体浅褐色，触角丝状。前翅略桨状，棕色，翅面散布许多长短不一的深褐色波状细横纹，翅尖深褐色。雄蛾较雌蛾稍小，体长约8毫米，翅展19～23毫米。前翅色斑较深，前缘中央有1个椭圆形黑斑，肩角前缘有一向上翻折的半椭圆形深褐色加厚部分。

卵 扁平，椭圆形，淡黄色，常近百粒成块产在叶面，呈鱼鳞状，表面覆透明胶质物。

幼虫 大多6龄。头褐色，体黄绿色至淡灰绿色，体表有白色短毛。

蛹 长11～13毫米，深褐色。

2. 为害特征

幼虫趋嫩性强，在茶树顶部嫩叶吐丝卷叶为害，咀食叶肉，留下表皮，形成透明枯斑，后期将数叶结成较大虫苞，老熟幼虫在苞内化蛹。见图3-23。

3. 发生规律

在浙江等地年发生4代，以幼虫在卷叶虫苞内越冬。翌年4月

图3-23 茶卷叶蛾为害状

上旬开始化蛹羽化。

八、茶毛虫

茶毛虫（*Euproctis pseudoconspersa* Strand）又称茶黄毒蛾、油茶毒蛾，属鳞翅目、毒蛾科，主要分布于浙江、江苏、湖南、四川、福建等地，是我国茶区主要害虫之一。

1. 形态特征

成虫 体长6～13毫米。雄蛾翅深茶褐色，雌蛾琥珀色。前翅中央均有两条浅色条纹，翅尖黄色区内有2个黑点。

卵 成块产卵，卵块椭圆形，上覆黄褐色厚茸毛。

幼虫 共6～7龄。老熟幼虫体长约20毫米，黄褐色，第一至第八腹节亚背线上有黑绒球状毛瘤。见图3-24。

图3-24 茶毛虫幼虫

蛹 圆锥形，浅咖啡色至黄褐色，长约9毫米；外有土黄色丝质薄茧，茧长12～14毫米。

2. 为害特征

幼虫咬食茶树成、老叶及部分嫩叶，1～2龄幼虫常数十至数百头聚集在叶背，取食下表皮及叶肉，留上表皮呈黄绿色半透明薄膜状；3龄起开始分群向茶行两侧迁移，并从叶缘开始取食，形成缺刻；4龄起进入暴食期，发生严重时可将茶树叶片取食殆尽，严重影响茶叶产量和品质。除为害茶树外，还为害油茶、山茶等。幼虫、成虫体上的毒毛触及人体皮肤后红肿痛痒，影响农事操作。

3. 发生规律

年发生代数因气候条件不同差异较大。在江苏、安徽、陕西、四川及浙江北部等地年发生2代；在江西、湖南、浙江南部等地年发生3代；在福建年发生3～4代。绝大多数以卵块在茶树中、下部叶背越冬。

九、茶黄蓟马

茶黄蓟马（*Scirtothrips dorsalis* Hood）属缨翅目、蓟马科，主要分布于浙江、福建、海南、广东、广西、云南、台湾等地。

1. 形态特征

成虫 体长0.8～0.9毫米，体橙黄色。触角8节，第一、第二节淡黄色，第三至第八节淡褐色，第三、第四节上着生"U"形感觉器。翅2对，透明窄长，翅缘密生长毛。见图3-25。

卵 肾形。初期乳白色，半透明，后变淡黄色。

图3-25 茶黄蓟马成虫（修春丽 供图）

若虫 初孵若虫乳白色,后渐转黄色。2龄若虫见图3-26。3龄时出现翅芽。

蛹 即4龄若虫,黄色。翅芽前期伸达第四腹节,后期达第八腹节。

2. 为害特征

以成虫、若虫锉吸幼嫩芽叶的汁液进行为害,受害叶片背面主脉两侧有2条或多条纵向内凹的红褐色条痕(图3-27),严重时叶背呈现一片褐纹,条纹相应的叶正面稍凸起,失去光泽,后期叶片向内纵卷,叶质僵硬变脆。

3. 发生规律

年发生10~11代,在南部茶区10~15天即可完成一代,

图3-26 茶黄蓟马2龄若虫(修春丽 供图)

图3-27 受茶黄蓟马为害的叶片

在浙江等茶区以成虫在茶花内越冬。成虫活泼,善于爬行和作短距离飞行,无趋光性,但对色泽趋性强。阴凉天气或早晚成虫在叶面活动,阳光下则栖于叶背和芽缝内,卵产于芽或嫩叶叶背表皮下。

十、茶刺蛾

茶刺蛾[*Phlossa fasciata*(Moore)]属鳞翅目、刺蛾科,又称茶角刺蛾,分布于浙江、江西、安徽、福建、湖北、湖南等产茶省,是我国茶树上的重要害虫。

1. 形态特征

成虫 体长12~16毫米,翅展24~30毫米。体和前翅浅灰红褐色,翅面具雾状黑点,有3条暗褐色斜线。后翅灰褐色,近三角形,缘毛较长。

卵 椭圆形,扁平,淡黄白色,半透明。

幼虫 6~7龄。成长时体长30~35毫米,长椭圆形,背面稍隆起,黄绿至绿色。各体节有两对枝状丛刺,分别着生于亚背线上方和气门上线上方。体前端背中有1个紫红色向前斜伸的角状突起,体背中部和后部还各有1个紫红色斑纹。

蛹 椭圆形,淡黄色;茧卵圆形,褐色。

2. 为害特征

以幼虫取食茶树叶片,1~2龄幼虫在茶丛中下部老叶背面取食下表皮和叶肉,留下枯黄半透膜;3龄以后向茶丛中上部转移,咬食叶片成缺刻;4龄起可取食全叶,大发生时将叶片咬食一光,仅留叶柄。此外人体皮肤触及幼虫体上的毒刺后会引起红肿疼痛,影响茶叶采摘和茶园管理。

3. 发生规律

在浙江、湖南、江西等地年发生3代,以老熟幼虫在茶丛根际落叶和表土中结茧越冬。越冬幼虫在浙江等地于4月化蛹,5月羽化,常以第二、第三代为害较大。

十一、茶天牛

茶天牛[*Aeolesthes induta*(Newman)]又名楝树天牛、楝闪光天牛,属鞘翅目、天牛科,主要分布于江苏、安徽、浙江等地。

1. 形态特征

成虫 体长约30毫米,暗褐色,有光泽,生有褐色细毛。头顶中央具1条纵脊。复眼黑色,两复眼在头顶几乎相接。雌虫触角与体长近似,雄虫触角为体长近2倍。鞘翅上具浅褐色密集的绢丝状绒毛,绒毛具光泽,排列成不规则方形，似花纹。见图3-28。

卵 长椭圆形，长4毫米左右，宽约2毫米。乳白色。

幼虫 末龄幼虫体长37～52毫米，圆筒形，头浅黄色，胸部、腹部乳白色，前胸宽大，硬皮板前端生黄褐色斑块4个，后缘生有一字形纹1条，中胸、后胸、1～7腹节背面中央生有肉瘤状凸起。

蛹 长25～30毫米，乳白色至浅赭色。

图3-28 茶天牛成虫（边磊 供图）

2. 为害特征

以幼虫蛀食茶树枝干和根部，被害茶树上部叶片枯黄，芽细瘦稀少，枝干易折断，严重时整株枯死。

3. 发生规律

2年或2年多发生一代，以幼虫或成虫在茶树枝干或根内越冬。卵散产在茎皮裂缝或枝杈上。初孵幼虫蛀食皮下，1～2天后进入木质部，再向下蛀至地下。在地表3～5厘米处留有细小排泄孔，孔外地面堆有虫粪木屑。在山地茶园及老龄、树势弱的茶园为害重。根颈外露的老茶树受害重。

十二、茶小卷叶蛾

茶小卷叶蛾[*Adoxophyes honmai*（Yasuda）]又名棉褐带卷叶蛾，属鳞翅目、卷叶蛾科，在各主要产茶省均有分布。

1. 形态特征

成虫 雌蛾体长约7毫米，展翅15～22毫米，淡黄褐色。前翅近菜刀形。

翅面有3条深褐色宽纹，中间一条从中部向臀角处分成"H"形，近翅尖1条呈"V"形。雄蛾较雌蛾略小，翅面的斑色较暗，翅基褐斑较大而明显。

卵 扁平，浅黄色，椭圆形，鱼鳞状排列成椭圆形卵块。

幼虫 末龄幼虫体长16～20毫米，头黄褐色，体绿色，前胸硬皮板浅黄褐色。

蛹 黄褐色。

2. 为害特征

幼虫吐丝卷缀芽叶，匿居虫苞内啃食叶肉，残留一层表皮，使芽梢生长受到抑制。

3. 发生规律

在浙江年发生4～5代。除一代发生较整齐外，以后各代有不同程度世代重叠。其中，二代发生为害最为严重。成虫白天栖息在茶丛中，夜间活动，傍晚或清晨交尾。初孵幼虫大部分匿居在芽尖缝处，有的在嫩叶端吐丝卷叶，咀食叶肉。3龄后幼虫把附近数叶卷结成苞，虫体藏在苞中取食，形成透明枯斑，后食量增加，常转移芽梢继续结新苞为害。

十三、油桐尺蠖

油桐尺蠖[*Buzura suppressaria*（Guenée）]又称大尺蠖、柴棍虫等，属鳞翅目、尺蛾科，我国各茶区均有分布。

1. 形态特征

成虫 雌蛾翅展67～76毫米，触角丝状。体翅灰白色，密布灰黑色小点。翅面有3条黄褐色波状横纹，翅外缘波浪状，有黄褐色缘毛。雄蛾翅展50～61毫米。触角羽毛状，黄褐色。翅基线、亚外缘线灰黑色，腹末尖细。

卵 椭圆形，蓝绿色，孵化前变黑色。常数百至千余粒聚集成堆，卵上覆黄色茸毛。

幼虫 幼虫共6龄。初孵幼虫体长为2～3毫米，灰黑色；2龄后体绿色，灰白色背线和气门线消失;3龄幼虫体色多变,有绿色、褐色、棕色等不同色泽,前胸背两侧开始突起;4～6龄幼虫体色同3龄,体长随龄期而增加,6龄幼虫体长为56～75毫米。

蛹 圆锥形,初为黄绿色,后渐变为黄褐色至棕红色。

2. 为害特征

以幼虫取食叶片为害,由于食量大,暴发时能将叶、嫩茎全部食尽,使成片茶园成为光杆,严重影响茶树产量和品质。

3. 发生规律

在长江中下游茶区通常年发生2～3代。以蛹在茶树根际附近土壤中越冬。成虫多在晚上羽化,白天栖息在茶园周围高大树木的主干上或建筑物的墙壁上,受惊后落地假死不动或做短距离飞行,有趋光性。成虫羽化后当夜即交尾,翌日晚上开始产卵,卵多产在茶园周围高大树木主干的缝隙中或茶丛枝叶间。幼虫孵化后向树木上部爬行,后吐丝下垂,借风飘荡分散。低龄幼虫仅取食叶片上表皮或叶肉,3龄后从叶尖或叶缘向内咬食成缺刻,4龄后食量大增。幼虫老熟后爬至茶树根际附近土中化蛹。

十四、茶茸毒蛾

茶茸毒蛾(*Dasychira baibarana* Matsumura)又称茶黑毒蛾,属鳞翅目、毒蛾科、茸毒蛾属,是茶树的重要食叶害虫。

1. 形态特征

成虫 翅暗褐色至栗黑色。前翅基部颜色较深,有数条黑色波状横线纹,内线黑色,锯齿形;外线黑褐色,锯齿形,在中室处外突,然后内凹;翅中部近前缘处有1个较大近圆形的灰黄色斑。后翅灰褐色,线纹不明显。

卵 扁球形,顶部中央略凹陷,灰白色至黑色。

幼虫 共5～6龄。末龄幼虫体长24～32毫米,头棕褐色,体黑色,腹部1～4节背面各具褐色毛丛1对,第五节有1对黄色毛丛,第八节生黑褐色毛丛

1对。胸部、尾部各具白色长毛2对。见图3-29。

图3-29　茶茸毒蛾幼虫

蛹　黄褐色，有光泽，体表多黄色短毛，腹末臀刺较尖。

2. 为害特征及发生规律

年发生4～5代，一般以卵在叶背等越冬。初孵幼虫食尽卵壳后再取食叶片；1～2龄幼虫在成叶背面取食下表皮及叶肉成黄褐色网斑；3龄前幼虫群集性强；3龄后开始逐渐分散，喜在黄昏或清晨为害。幼虫老熟后在茶丛基部等结茧化蛹。

十五、茶蚜

茶蚜[*Toxoptera aurantii*（Boyer de Fonsco Lombe）]又称茶二叉蚜，属半翅目、蚜科。除为害茶树外，还为害柑橘类、荔枝、香蕉、菠萝、胡椒等。

1. 形态特征

有翅蚜 黑褐色，有光泽，前翅中脉分二叉，触角基部淡黄色，第三节具5~6个感觉圈，腹管黑色，比尾片长，基部有明显网纹。

无翅蚜 近卵圆形，稍肥大，棕褐色。体表多淡黄色细横网纹。触角第三节无感觉圈。

卵 长椭圆形，漆黑色，有光泽。

2. 为害特征

成蚜、若蚜刺吸嫩梢、嫩叶汁液为害茶树，被害叶皱缩卷曲，排泄蜜露可引发煤污病。见图3-30。

图3-30　茶蚜聚集在新梢上为害

3. 发生规律

主要营孤雌生殖，繁殖速度快，趋嫩性强。年发生25代以上，一般以卵在茶树叶背越冬，早春气温回升后开始孵化。

十六、扁刺蛾

扁刺蛾[*Thosea sinensis*（Walker）]幼虫俗称痒辣子，属鳞翅目刺蛾科，是茶树上常见的刺蛾类害虫。

1. 形态特征

成虫 雌蛾体暗灰褐色，腹面及足的颜色更深。前翅灰褐色，稍带紫色，中室的前方有1条明显的暗褐色斜纹，自前缘近顶角处向后缘斜伸。雄蛾中室上角有1个黑点（雌蛾不明显）。后翅暗灰褐色。见图3-31。

图3-31 扁刺蛾成虫（无锡试验站 供图）

图3-32 扁刺蛾幼虫（拍摄地为福建）

卵 扁平光滑，椭圆形。

幼虫 初为淡黄绿色，孵化前呈灰褐色。老熟幼虫体扁，椭圆形，背部稍隆起，形似龟背。全体绿色或黄绿色，背线白色（图3-32）。体两侧各有10个瘤状突起，其上生有刺毛，每一体节的背面有2小丛刺毛，第四节背面两侧各有1个红点。

蛹 长椭圆形；茧卵圆形，暗褐色，形似茶籽，见图3-33。

图3-33 扁刺蛾茧（夏声广 供图）

2.为害特征

扁刺蛾以幼虫取食茶树叶片为害，造成茶叶减产，发生严重时可将茶树吃成光杆，导致树势衰弱甚至死亡。此外，扁刺蛾幼虫体表具毒刺，触及皮肤引起疼痛红肿,严重影响采茶及茶园管理等田间作业。

3. 发生规律

以老熟幼虫在茶树周围土中结茧越冬,年发生2~3代。越冬幼虫4月中下旬化蛹,成虫5月中旬至6月初羽化。成虫羽化后交尾产卵,卵产于叶面。幼虫7~8龄,初孵幼虫停息在卵壳附近。

十七、黄刺蛾

黄刺蛾[*Cnidocampa flavescens*(Walker)]属鳞翅目刺蛾科,是茶树上常见的刺蛾类害虫,还为害茶树、葡萄、苹果、梨、枣、花椒等多种植物。

1. 形态特征

成虫 体长10~17毫米,翅展20~37毫米,体黄色。前翅黄褐色,翅的顶角有1条细斜线伸向翅的后方,斜线内的翅面为黄色外方为棕色,在黄色区和褐色区各有1个褐色圆斑。见图3-34。

卵 扁椭圆形,淡黄色。

幼虫 近长方形,成熟后体长19~25毫米,头部黄褐色,隐藏于前胸下。胸部黄绿色,体自第二节起,各节背线两侧有1对枝刺,以第三、第四、第十节的为大,枝刺上长有黑色刺毛;体背有紫褐色大斑纹,前后宽大,一中部狭细成哑铃形,末节背面有4个褐色小斑。见图3-35。

图3-34 黄刺蛾成虫(夏声广 供图)

蛹 椭圆形,淡黄褐色;茧灰白色,上有黑褐色不规则纵纹,较坚硬,形似雀蛋。见图3-36。

图3-35 黄刺蛾幼虫（夏声广 供图）

图3-36 黄刺蛾茧（夏声广 供图）

2. 为害特征

黄刺蛾在各产茶区均有分布，初孵幼虫群集叶背取食，一般先吃掉卵壳，再取食叶片，留下上表皮使叶片出现圆形筛网状透明小斑，4龄后将叶片咬食成孔洞或缺刻，甚至仅留主脉。

3. 发生规律

在长江中下游地区年发生1~2代，以老熟幼虫在茶树枝干上结茧越冬。翌年5—6月化蛹，5月下旬成虫开始羽化产卵。6—7月和8—9月为为幼虫为害期，9月上中旬起陆续结茧。成虫多在傍晚羽化，夜间活动，趋光性不强。雌蛾多在叶背产卵，散产或数粒排列成块状。

十八、茶蛾蜡蝉

茶蛾蜡蝉[*Geisha distinctissima* (Walker)]又名碧蛾蜡蝉，属半翅目、蛾蜡蝉科。

1. 形态特征

成虫 体长约6毫米。前翅宽阔，外缘平直，翅脉黄色，脉纹密布似网状，红色细纹绕过顶角经外缘伸至后缘爪片末端；后翅灰白色，翅脉淡黄褐色。

卵 乳白色，纺锤形，长1.5毫米，一端较尖，另一端略平，有2条纵沟。

若虫 共4龄。体淡绿色,腹末截形,被白蜡粉,腹末附白色长的绵状蜡丝。

2. 为害特征

以若虫、成虫吸取嫩茎、嫩叶的汁液为害。若虫常群聚吸食茶树枝干汁液,并分泌白色絮状物覆盖虫体,如受惊动,则迅速弹跳逃脱。

3. 发生规律

年发生1代,以卵越冬。在浙江等地5月上旬开始孵化,6月中旬成虫开始羽化,7月下旬至8月中旬成虫大量产卵。卵常产于茶树中下部嫩梢皮层内。

十九、茶梨蚧

茶梨蚧(*Pinnaspis theae* Maskell)又称茶并盾蚧、茶细蚧,主要分布于安徽、江苏、浙江、广西等地,其寄主植物主要包括茶树、石榴、芭蕉、柑橘等。

1. 形态特征

成虫 雌成虫长梨形,长度超过最大宽度的2倍以上,浅黄色或黄色,介壳狭长,两侧略平行,前端有2个壳点。雄虫介壳狭长,两侧边近似平行,白色熔蜡状,背面有2条纵沟。

卵 椭圆形,长0.15~0.18毫米,宽0.08~0.11毫米。初为淡黄色,后呈黄褐色。

若虫 若虫初孵时长0.20~0.32毫米,宽0.13~0.19毫米,黄色。雄若虫蜕皮壳黄色,突出于前端。

2. 为害特征

以若虫和雌成虫寄生在茶树枝干和叶片主脉附近,紧密排列,刺吸茶树汁液,受害茶树树势衰弱,发芽减少,对夹叶增多,产量下降。

3. 发生规律

在浙江、安徽等地年发生3代，雄成虫羽化后在叶片或枝干上爬行，找寻雌虫交配后即死亡。受精雌成虫在枝干或叶片主脉两侧越冬。翌年3月初，越冬雌成虫开始产卵，雌成虫把卵产在介壳里。

第二节　主要病害

一、茶炭疽病

茶炭疽病是由真菌子囊菌门茶座盘孢[*Discula theae-sinensis*（I. Miyake）Moriwaki & Toy. Sato]引起的茶树叶部病害，在我国各产茶省均有发生。除茶树外，还为害油茶、山茶等。

1. 症状

主要为害茶树已展开的成长叶片，新梢上偶有发生。先从叶缘或叶尖产生水浸状暗绿色病斑，后沿叶脉扩大成不规则形病斑，红褐色，后期变为灰白色，病健分界明显。病斑正面密生许多黑色细小突起粒点，即病原菌的分生孢子盘，病斑上无轮纹。严重发生时可引起大量落叶，影响茶叶产量和品质。

2. 发生规律

以菌丝体或分生孢子在病叶组织中越冬，5—6月形成分生孢子并借雨水传播，从嫩叶背面茸毛处侵入，潜育期较长，在成叶期才出现症状。全年以梅雨和秋雨季节发生最重。偏施氮肥或缺少钾肥的茶园、幼龄茶园及台刈茶园发生较多。品种间有明显的抗病性差异，'龙井43'等品种易受感染。

二、茶饼病

茶饼病又称疱状叶枯病，病原为坏损外担菌（*Exobasidium vexans* Massee），属担子菌门真菌。该病是茶树芽叶的重要病害之一，以浙江、安徽、广东、广西、湖北、福建等地的山区茶园发生较多，影响茶叶品质。

1. 症状

主要发生于嫩叶（图3-37），初为淡黄色或红棕色半透明小点，后渐扩大并下陷成淡黄褐色至暗红色的圆形病斑，相应的叶背病斑呈饼状突起，表面覆有灰白色粉状物，后期凸起部分萎缩成褐色枯斑（图3-38）。叶柄及嫩梢被感染后，膨肿并扭曲，严重时病部以上新梢枯死（图3-39）。

图3-37　茶饼病受害叶片

图3-38　茶饼病病斑

图 3-39 茶饼病为害状

2. 发生规律

属低温高湿型病害，以菌丝体在病叶活组织中越冬和越夏。翌春或秋季，平均气温在15～20℃，相对湿度80%以上时产生担孢子，随风、雨传播初侵染，并在水膜的条件下萌发，侵入寄主组织，在细胞间扩展直至病斑背面形成子实层。担孢子成熟后飞散传播再次侵染。偏施氮肥、杂草丛生、低洼阴湿、采摘修剪等措施不合理的茶园易发病。

三、茶轮斑病

茶轮斑病病原为茶拟盘多毛孢[*Pestalotiopsis theae*(Sawada Steyaert)]，属子囊菌门拟盘多毛孢属。

1. 症状

主要为害当年生的成叶、老叶，先在叶尖或叶缘上生出黄绿色小斑，后扩展为圆形至椭圆形或不规则形褐色大病斑，成叶和老叶上的病斑具明显的同心轮纹，后期病斑中间变成灰白色，湿度大出现呈轮纹状排列的黑色小粒点，即病原菌的子实体。嫩梢染病尖端先发病，后变黑枯死，继续向下扩展引致枝枯，发生严重时叶片大量脱落或扦插苗成片死亡。

2. 发生规律

为弱寄生菌，主要从茶树嫩叶或成叶伤口处入侵，高温高湿条件利于发病，夏、秋两季发生重。茶园排水不良，栽植过密的扦插苗圃发病重。品种间抗病性差异明显。

四、茶云纹叶枯病

茶云纹叶枯病病原有性型为围小丛壳[*Glomerella cingulata*(Stoneman) Spauld. et H. Schrenk]，属子囊菌门小丛壳属，无性型为胶孢炭疽菌[*Colletotrichum gloeosporiodes*(Penz.) Penz. et Sacc.]，属子囊菌门炭疽属，是常见的茶树叶部病害，各茶区普遍发生。

1. 症状

主要为害成叶和老叶。初期在叶尖、叶缘产生黄褐色小斑，水渍状，病斑逐渐扩展变褐，呈半圆形或不规则形，病健交界部呈黑褐色线纹。病斑中央为褐色或灰白色云纹状斑，有时云纹不明显，为灰紫色枯焦状。后期病斑正面散生黑色小点，病叶质脆，易落。

2. 发生规律

为高温高湿型病害，树势衰弱，园地管理粗放，采摘过度，地下水位高，排水不良的茶园均易发病。

五、茶白星病

茶白星病又称茶白斑病、点星病，由子囊菌门叶点霉属茶叶叶点霉 *Phyllosticta camelliae* Westen-drop 侵染引起。一般高山茶园发生较重。主要为害春茶和夏茶的嫩叶、新梢，导致茶树新梢生长不良、节间短，芽重减轻，叶片易脱落。严重时，整个叶片枯萎死亡。感病芽叶所制干茶叶底布满星点小斑，破碎率高，茶汤滋味极其苦涩，汤色浑暗，香气低，品质差。

1. 症状

茶树受害后，症状主要发生在叶片及茎秆、花苞上。染病初期为针尖大小的褐色小点，在适宜的条件下逐渐扩展成直径1~2毫米的灰白色圆形斑，中间凹陷，边缘具暗褐色至紫褐色隆起线。病叶上病斑数达几十个至数百个，后期斑点连接成片。

2.发生规律

茶白星病属低温高湿型病害,当旬平均温度20℃、相对湿度达80%时,病害常可突发和流行。连续阴雨多雾、高湿是病害流行的重要条件。尤其高海拔茶区多雾阴湿低温,适于此病发生和再次侵染,且随着海拔高度的增加而加重,因此高海拔地区该病害往往连年流行。

六、茶网饼病

茶网饼病又称网烧病、白霉病。病原菌为 $Exobasidium\ reticulatum$ Ito et Sawada,属担子菌门外担菌属。主要为害茶树的成叶,嫩叶、老叶也发病。

1.症状

多发生在叶缘或叶尖上,初在叶片上产生针尖大小的淡绿色斑点,边缘不明显,而后病斑逐渐扩展,严重的可扩展至整个叶片,色泽变成暗褐色,病叶增厚,有时叶片上卷,叶背面沿脉形成网状凸起,其上具白粉状物。白粉散失后变成茶褐色网状,故称网饼病。后期病斑变成紫褐色或紫黑色,叶片枯萎脱落。

2.发生规律

其发病条件与茶饼病相似,同属低温高湿型病害,在多雾、高湿、日照短的阴湿茶园或山间地带茶园发病重,平地茶园则发病较轻。

七、茶芽枯病

茶芽枯病病原为芽生叶生霉[$Phyllosticta\ gemmiphliae$ X. F. Chen & H. Ji Hu],属子囊菌门叶点霉属。主要分布于浙江、江苏、安徽等地。茶树感病后,芽梢生长明显受阻。

1.症状

主要为害春茶幼芽和嫩叶,尤以1芽1叶至第三叶发生为多,嫩梢有时亦能受害。初期多自叶尖或叶缘产生淡黄色或黄褐色斑点,以后逐渐扩展为褐色或黑褐色不规则形大斑，边缘处有一深褐色隆起线，后期病斑上散生细小黑褐色粒点，以叶片正面居多，病叶易破裂并扭曲。芽尖受害呈黑褐色枯焦状，萎缩不能伸展。发病严重时整个嫩梢枯死。

2. 发生规律

病原菌以菌丝体或分生孢子器在病叶中越冬。翌年春茶萌芽期（3月底至4月初）开始发病，春茶盛采期（4月中旬至5月上旬）最高气温在15～25℃，湿度大时发病较重。萌芽早的品种发病重。

八、茶苗白绢病

茶苗白绢病又称茶菌核性根腐病、菌核性苗枯病，由担子菌门小核菌属齐整小核菌（*Sclerotium rolfsii* Sacc.）侵染引起。

1. 症状

茶苗白绢病主要发生在茶苗近地面茎基部。病部初期呈紫褐色斑，后变褐色，表面生白色绵毛状物，扩展后绕根颈一圈，上生白色绢丝状膜层，并沿着茎秆向土表扩展，后期在病部形成油菜籽状菌核，菌核初期为白色，后转黄褐色至褐色。由于病部皮层腐烂，树体水分和营养物质运输受阻，地上部分叶片变黄枯萎、脱落，最后整株死亡。

2. 发生规律

病菌以菌核和菌丝体在土壤中或附着在病株组织上越冬。菌核在在土壤中可存活5～6年，为发病的主要初侵染来源。翌年春季或初夏，当温湿度适宜时，菌核萌发产生白色绢丝状菌丝，沿着土隙蔓延到邻株，或通过雨水冲流及耕锄而传播。病害还可随苗木调运，从病区带入无病区。

第四章
生态茶园绿色防控技术

病虫害绿色生态防控，首先是集成生态茶园建设技术，运用生态学原理，以茶树为核心合理配置茶园生态系统，实施生态保护等措施，因地制宜利用光、热、水、土、气等生态条件，保持茶园生态系统平衡和生物多样性，从根本上创造不利于病虫等有害生物滋生和有利于各类天敌繁衍的环境条件，提高茶园抗逆能力。在实施生态控制的基础上，采取生物防治、物理防治、科学用药等环境友好型措施来控制有害生物，减少化学农药使用量，促进茶叶安全生产。实施绿色生态防控是贯彻"公共植保、绿色植保"理念的重大举措，是发展现代农业，促进农业生产安全、农产品质量安全、农业生态安全和农业贸易安全的有效途径。

》 第一节 绿色防控基本原则 《

一、预防为主、综合防治原则

茶园病虫害生态绿色防控应以作物健康栽培为基础，组装和配套良好的农业栽培措施，优先从提高茶园生物多样性、保护和利用天敌等方面控制和预防有害生物的为害程度，综合应用物理防治、化学生物防治等多种生态防治措施，最大限度地减少化学农药的使用，同时采取科学用药技术，通过综合防治达到理想的防控目标。

二、精准防治原则

加强病虫害监测,因地制宜开展病虫害精准防控,防早防小,最大程度减少防控用药次数,降低化学农药使用种类和数量。茶园病虫害监测技术主要有以下几种:

1. 田间调查

田间调查是最常用的病虫害调查方法之一。它的优点是能够直接观察病虫害的发生情况,及时发现病虫害的种类和程度。选择具有代表性的茶园,根据茶园病虫害的生物学特性和发生规律定期开展调查,记录病虫害的种类、数量和分布情况,采集发现的病虫害样本进行鉴定和分析。螨类等肉眼难以观察的病虫害田间调查,可对茶园叶片进行采样后,在实验室通过显微镜等仪器观测。

2. 杀虫灯、诱虫板监测

在茶园中放置杀虫灯、诱虫板(色板)等对茶园病虫进行诱捕,适时统计诱捕数量,对病虫发生情况进行预测,做到早期防治,减少化学用药数量。

3. 物联网预测

利用现有的物联网技术,结合多年监测数据采集、处理、分析和预测病虫害发生情况。如依托监测设备,精确采集图像,监测温湿度、二氧化碳等数据,系统分析气候条件与病虫害形成的关联度,预测病虫害高峰期以及制定科学防控策略。

三、轻简化原则

轻简化原则是指通过简化和优化病虫害绿色防控措施,降低劳动和资源投入,达到减少病虫为害,提高先进适用技术到位率和普及率的目的。病虫害绿色防控的核心在于推广应用,轻简化是便于推广应用的核心关键,要尽量通过技术熟化集成推进复杂技术轻简化,如轻简化设备设施、轻简化操作

模式等，减少绿色防控人力物力投入，提高农户、企业在茶叶病虫害绿色防控过程中的防治效率，从而达到规模化应用的目的。

四、规范化和标准化原则

规范化、标准化是从茶园生态系统整体功能提高和稳定病虫害高效可持续治理效果出发，对病虫害绿色防控过程中的关键步骤进行统一、简化、协调和选优，实现生态效益、经济效益和社会效益最佳的途径。一般通过制定、发布和实施茶园病虫害绿色防控标准（规范、规程和制度等），规范企业和农户在茶叶病虫害绿色防控过程中的流程和步骤，确保操作统一、用量精准。

五、统防统治原则

有条件的区域，可以建立联防联控的绿色防控机制。顺应重大病虫害和检疫性病虫害防治的需要，在防治关键时期，由政府统一部署、乡镇统一组织、经营部门统一供应防控物资、植保部门统一防治技术，建立村社植保员队伍，进行短时间、跨区域、大范围的统一防控工作。

第二节 绿色生态防控技术

在生态调控前提下实施的茶园病虫草害防控措施，包括农业防治、物理防治、生物防治、化学生态调控等。

一、农业防治

1. 铺地膜

通过铺设地膜不仅可以有效抑制草害，还可以阻断病毒、细菌等病原体的传播途径，减少病虫害的扩散。地面覆膜会将土壤中的氧气和空气隔绝，使地面杂草与地下昆虫缺氧窒息而生长不良甚至死亡，从而起到阻碍害虫和杂草生存繁殖的效果。同时，地膜会阻止土壤中的水分蒸发，使土壤能够保持一定的温湿度。

2. 间作套种

间作套种绿肥作物（图4-1）能有效改善茶园土壤性质，同时抑制杂草生长、提高茶园生物多样性，是一种减轻茶园病虫害的有效方式。目前，我国茶园套种作物主要包括白三叶、狼尾草（图4-2）、'茶肥1号'、紫云英、'印尼大绿豆'、花生等。

图4-1 幼龄茶园绿肥间作

图4-2 幼龄茶园狼尾草间作

3. 茶园修剪

茶园合理适时修剪，可以促进幼龄茶树分枝生长，降低成龄茶树蓬面高度，清除病虫枝叶，控制茶尺蠖、茶毒蛾、蚜虫、黑刺粉虱等害虫的越冬代虫卵数和茶卷叶蛾、蚧类等的残留虫口基数，以及害螨的越冬基数，同时减少云纹叶枯病、茶网饼病、茶饼病等病害的越冬菌源，改善茶园内通风透光状况，降低茶树病害发生率。一般幼龄茶园应对树冠进行定形修剪和轻修剪，一年生茶园定剪高度为15厘米，二、三年生茶苗每年提高10~15厘米定剪。见图4-3。

4. 茶园耕作

茶园耕作可以达到直接的除草效果，并减轻病虫害为害。翻动土壤可以把茶园地表的好氧性害虫卵、蛹及有害病菌与杂草一起埋入土壤下层，使之窒息死亡；同时把下层土壤中厌氧性的害虫卵、蛹及有害病菌等翻到土表使其死亡。秋末结合施基肥进行深耕，可减少土壤中越冬害虫种群数量。

5. 茶树品种选择

衰老茶园改植换种以及新茶园建设过程中，在符合经济利益、地理环境要求的前提下，茶树品种应尽量选择抗逆性强、不易感染病虫害、经济性状好、产量高、质量优的良种。

图 4-3　春茶后重修剪茶园

6. 及时采摘

分批、及时采摘可有效清除新梢上的虫卵和幼虫，同时减少害虫的主要食物鲜叶供给，减轻病虫为害。

7. 冬季清园

重点清除茶园内及周边 2 米范围内的杂草、杂树、竹子等，剪除茶树的病虫枝叶和茶树蔸处的细弱枝，可降低病虫越冬虫口数量，减轻第二年病虫害发生风险。

二、物理防治

采用人工捕杀或利用害虫的趋光性，进行灯光、色板或性外激素诱杀等。

第四章 生态茶园绿色防控技术

1. 杀虫灯

（1）工作原理。杀虫灯的光源光谱是针对茶园中茶尺蠖、茶小绿叶蝉等主要害虫的趋光性来设计的，能最大限度地诱杀成虫，且减少对天敌昆虫的误杀。

（2）挂灯高度及密度。为了提高诱杀效果，杀虫灯要大面积、连片、持续使用，根据目标害虫的飞行高度和成虫羽化时间，确定合适的杀虫灯高度，一般灯管下部高于茶蓬40～60厘米，每盏灯可控制20亩茶园。

（3）开灯时间。要结合虫情测报，合理设置杀虫灯的开启和工作时间，一般在3月上旬开启电源，11月下旬关闭电源，采用光控模式，设置成天黑后自动开启，工作3小时后自动关闭，雷雨天气不要开灯。

（4）日常维护。杀虫灯的接虫袋要定期进行清洗，高压触电网上的害虫残体和其他杂物要在切断电源后及时清除。每年启用前要进行检查，灯管等如有损坏要及时更换，以保证其正常工作。

2. 诱虫板

诱虫板应在诱杀目标害虫羽化盛期之前开始悬挂，东西朝向为佳，垂直悬挂在茶蓬上方约20厘米处，间隔5～6米，每亩茶园以棋盘式分布安插25张左右诱虫板，插放2～3周后拆除。

三、生物防治

保护和利用当地茶园中的有益生物，如草蛉、瓢虫和寄生蜂等天敌昆虫，以及蜘蛛、捕食螨、蛙类和鸟类等有益生物，同时还可培养和人工投放赤眼蜂、瓢虫、捕食螨等害虫天敌，减少人为因素对天敌的伤害，从而维护茶园生物多样性。

1. 以虫治虫

在茶园中释放天敌昆虫，对茶园病虫进行捕食防控，从而达到降低虫口密度、生物防治的目的。目前在生产中主要应用携菌捕食螨，释放方法有淹没式和挂袋两种：

（1）淹没式释放方法：用木屑或谷壳将捕食螨混匀后，均匀地撒施在茶树叶面上。

（2）挂袋释放方法：将含有捕食螨的袋子，在纸袋上方斜剪3～4厘米，然后用图钉或塑料细绳固定在茶丛靠叶的枝丫上。

释放捕食螨需要注意以下几点：

（1）要在阴天或傍晚使用。

（2）不要用力挤压、捏装有捕食螨的袋子。

（3）气温过低过高时不宜使用，低温会影响捕食螨的取食等活动，高温40℃以上也对捕食螨有抑制作用。

（4）捕食螨忌接触农药，释放前、后一段时间内不能喷洒农药。

2.微生物、病毒防治

利用昆虫病原菌、致病病毒对茶园病虫进行治理，如利用球孢白僵菌、金龟子绿僵菌等广谱昆虫病原菌对茶园病虫进行绿色防控，利用短稳杆菌等对鳞翅目害虫防治，效果显著。

生物农药的活性容易受到温度（尤其是高温）和降水等环境因素的影响和限制，为提高防治效果，应坚持"精准防治，防早防小"原则，建议在早晚或阴天进行喷施，防治时间以虫龄1～2龄为宜，必须控制在幼虫3龄前。

3.Pull Push（推拉模式）

采用推拉模式（图4-4），即通过在内圈种植病虫害趋避性植物，设置隔离墙隔离沟，外圈种植病虫喜好性植物，吸引病虫害远离茶园，从而达到生态降低目标茶园虫口数量的目的。

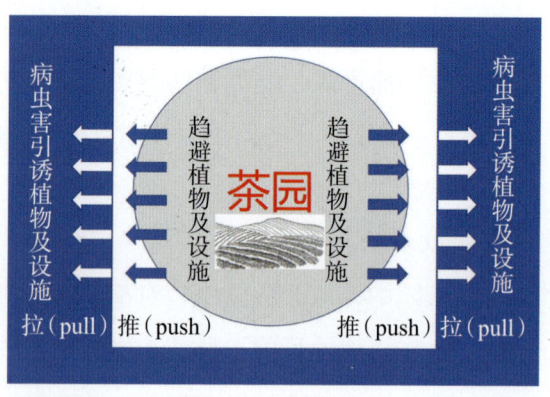

图4-4 推拉模式图

4. 植物提取物防治

植物提取物在茶园中的应用也非常广泛。如豆科植物苦参中提取的生物碱苦参碱是广谱杀虫剂，对人畜低毒，具有触杀和胃毒作用，对茶园病虫有明显的防治效果。

四、化学生态调控

1. 性信息素诱捕器

（1）工作原理。采用仿生合成技术，通过能够释放人工合成雌蛾性信息素成分的诱芯，引诱雄蛾到诱捕器上并将其捕杀，使雌虫失去交配机会，不能繁殖后代，进而减少田间虫口基数。性信息素诱捕器已广泛应用于茶尺蠖、灰茶尺蠖、茶毛虫等茶树害虫的监测和防治中。

（2）悬挂时间。茶尺蠖等茶树害虫第一、第二代幼虫发生整齐，第三代以后世代重叠现象比较明显。为了提高防效，要结合预测预报在越冬代成虫羽化前期开始放置诱捕器，以起到控前压后的作用。

（3）诱捕器的组装（以船型诱捕器为例）。将四个挂钩插入上盖的挂梢，撕开粘虫板，沿折痕折叠，有涂胶的一面朝上，钩到四个挂钩上，把诱芯插入诱芯柄。将装有诱芯的诱捕器用铁丝或线绳固定到竹竿上端，竹竿下端斜插入茶园。

（4）放置高度及密度。为了提高诱杀效果，诱捕器要大面积连片使用，高度和密度可根据田间虫口数量适当调整，一般每亩放诱捕器2～4套，悬挂高于茶丛蓬面25厘米。

（5）注意事项。诱捕器粘虫板粘满虫或被雨水打湿失去黏性要及时进行更换；信息素产品易挥发，诱芯要放到冰箱冷冻室中保存，开封的诱芯要尽快使用；诱芯应按产品说明书要求定期更换；大面积持续使用效果更好。

2. 食源诱捕

通过利用害虫的食物特性，开展食源诱捕，达到有效精准诱杀，如使用糖醋液或蜂蜜稀释液作为诱饵诱杀天牛，采用诱虫板+聚集信息素复合诱捕的方式防治蓟马等。

第三节　不同类型茶园绿色防控策略

目前，浙江省各茶区按生产方式不同主要有两种类型茶园，一是春季采摘茶园，一年中仅在春季采摘鲜叶，采摘时间只有3—4月，这类茶园面积在浙江占茶园总面积70%左右；二是全季采摘茶园，即一年的生长季节中分批采摘可利用的当年萌发鲜叶，一年采摘时间持续7~8个月，这类茶园面积在浙江占茶园总面积30%左右。在实际生产中，还会根据生长季节茶芽萌发生长情况，按照幼龄茶园、春季采摘茶园和全季采摘茶园分类进行绿色防控。

一、幼龄茶园绿色防控

幼龄茶园以小苗为主，主要以防治草害、新梢嫩叶危害型病虫害为主。

1. 草害控制

幼龄茶园种植后第一年3—10月要特别重视除草，其中茶苗附近的杂草需要人工拔除，行间草害防控主要以铺设地膜、铺草或者间作绿肥为主，具体参考本章第二节中"农业防治"相关内容。夏秋季高温干旱季节只需拔除茶苗两侧20厘米附近的杂草，行间宜留草或铺草。

2. 病虫害管理

幼龄茶园病害主要为白粉病，常出现在气温高、湿度大的环境下。病害表现为茶叶叶片表面覆盖白色粉末，影响茶叶产量和品质。防治方法主要包括加强通风、控制湿度以及选用抗病品种。幼龄茶园虫害主要为茶小绿叶蝉，具体防治技术参照本章节"全季采摘茶园绿色防控"中相关内容。

二、春季采摘茶园绿色防控

春季采摘茶园即一年中仅在春季(每年3—4月),采摘鲜叶,采收时间一般40天左右。采摘结束后进行深修剪或重修剪,修剪后40天左右,即在5月底至6月初新芽萌发后进行留养,7月初根据留养枝叶生长情况实行1～2次控梢剪或打顶。春季采摘茶园虫害主要有茶尺蠖、小贯小绿叶蝉、茶橙瘿螨等,病害主要是茶炭疽病和茶饼病等。

1. 茶尺蠖

春季采摘茶园中,第一代茶尺蠖幼虫孵化生长时期正值春季新梢采收期,由于第一代茶尺蠖幼虫一般数量少且集中在新梢嫩叶,因此通过采摘可以摘除很大一部分幼虫;第二代茶尺蠖幼虫孵化高峰期在5月底、6月初,正值夏梢萌发期,通常芽叶生长速度大于害虫取食速度,一般不会产生严重为害。7—8月,茶尺蠖幼虫生长速度快、有明显世代重叠现象,夏秋新梢旺盛

图4-5 茶尺蠖严重为害的茶园

使茶尺蠖食料充足,可能产生严重为害甚至爆发(图4-5)。防治方面,应做好监测,在5—7月第一、第二代的成虫羽化期,采用诱捕器(图4-6)、杀虫灯等捕杀成虫,关注第二代幼虫为害情况并根据其田间调查数据确定合理的防治措施。具体防治技术参照本章节"全季采摘茶园绿色防控"中相关内容。

图4-6 茶尺蠖诱捕器

2. 小贯小绿叶蝉

春季采摘茶园在修剪后的新梢萌发期正值小贯小绿叶蝉第一峰,可以在5月下旬新梢萌发后在茶树蓬面上插放色板进行防治(图4-7),6月需要密切关注小贯小绿叶蝉发生情况,当虫口量百叶虫量超过6头时需要采取防治措施。具体防治技术参照本章节"全季采摘茶园绿色防控"中相关内容。

图4-7 全季采摘茶园插放天敌友好型色板防治茶小绿叶蝉

3. 茶橙瘿螨

为害高峰期在5月下旬和9月中下旬,因其主要在茶树的嫩叶嫩茎等部位吸取营养,因此对春季采摘茶园夏秋季的蓄梢生长影响较大(图4-8、图4-9)。防治方面,重点关注5月下旬与6月,在发生初期释放携菌捕食螨进行防治,当螨量达到防治指标需用药剂防治。具体防治技术参照本章节"全季采摘茶园绿色防控"中相关内容。

图4-8 茶橙瘿螨为害茶园　　　　　　　图4-9 茶橙瘿螨为害鲜叶

4. 茶炭疽病

加强茶园管理,重点做好积水茶园的开沟排水和秋、冬季的落叶清理;适当增施磷、钾肥,以增强抗病力;针对发病严重的地块,可在发病初期或发病前选用吡唑醚菌酯乳油或苯醚甲环唑水分散粒剂防治。

5. 茶饼病

加强苗木检疫,防止茶饼病菌通过茶苗调运传播;清除茶园过多遮阴树,促使茶园通风透光良好;适当增施磷钾肥和有机肥,以增强树势;带病茶枝叶集中处理以减少浸染源。

三、全季采摘茶园绿色防控

在浙江省,全季采摘茶园一般采摘期为3—10月,因气候、茶树品种不同,开采与停采时间有所差异。其中,部分茶园3—4月人工采摘鲜叶制作名优茶,5—10月手工采摘鲜叶加工低档名优茶或机采加工大宗茶;另一部分茶园全年机械采摘,开采时间比名优茶迟1个月左右。

全季采摘茶园特别是机采茶园,因为采摘次数多,可随芽叶带走大量冠层的虫卵和低龄若虫,降低虫口密度,同时恶化食源,控制种群密度,因此小贯小绿叶蝉等冠层害虫发生相对春季采摘茶园要轻,而对于为害茶树成熟叶片的害虫,如扁刺蛾、黄刺蛾等要重点关注。在防治方法的选择上,因为全年采茶园的夏秋季鲜叶需要加工茶叶产品或用于出口,应尽量采用农业、物理及生物防治等绿色高效的防控技术措施,减少化学农药使用量,具体用药原则、方案可参考本书第五章相关内容。

1. 茶尺蠖

大部分全季采茶园的开采期比春季采茶园要迟,第一代茶尺蠖幼虫孵化生长时期正值春季新梢生长季节,茶尺蠖幼虫食料丰富,因此其发生一般较春季采摘茶园偏重,而开采时间在4月下旬后的全年机械采摘茶园更有利于第一代茶尺蠖生长,其发生可能更加严重。

因采摘次数多,防治方面应做好监测,尽量采用诱捕器、杀虫灯等农业、物理及生物防治措施,减少化学农药使用量。在鲜叶采摘期,采用茶尺蠖性信息素诱捕器时,机采茶园应将其挂在路边,以免影响茶叶采摘。对于上一年茶尺蠖发生较重的茶园,从3月中旬开始悬挂诱捕器,打开杀虫灯诱捕越冬代成虫，诱捕器每亩插放2～4套，下端距茶树蓬面25厘米，大面积连片使用，粘板粘满害虫后及时更换，每3个月更换一次诱芯。杀虫灯应选用天敌友好型杀虫灯，每20亩安装一盏，设置成每日天黑后工作3小时自动关闭，成片使用效果更好。当虫口数量达到防治指标需施用药剂时方可施用，通常在幼虫3龄前喷施药剂，尽量选用尺蠖核型多角体病毒、短稳杆菌、苦参碱等生物农药或植物源农药，以减少农药残留。

2. 小贯小绿叶蝉

因为采摘次数多，小贯小绿叶蝉在全季采摘茶园的发生较春季采摘茶园偏轻。应加大监测力度，特别是每轮茶叶经采摘、修剪重新萌发后要密切关注虫口数。防治方面优先采用农业、物理防治措施，具体如下：

（1）农业措施。及时分批采摘。不仅可以减少小贯小绿叶蝉等趋嫩为害害虫的食材，还可减少卵和若虫，有效降低虫口密度，适当嫩采也有利于提高茶叶产量与品质。

（2）物理防治。插放色板时，插板时间应和机采时间错开，以免影响机采作业。

（3）化学防治。当虫口量达到防治指标（第一峰百叶虫量超过6头；第二峰百叶虫量超过12头）时可喷施除虫菊素、虫螨腈等药剂进行防治。

3. 茶橙瘿螨

为害高峰期在5月下旬和9月中下旬，因其主要在茶树的嫩叶嫩茎等部位吸取营养，因此对夏秋茶影响较大。

重点关注5月下旬。在发生初期，释放携菌捕食螨进行防治，将含有捕食螨的袋子，在纸袋上方斜剪3～4厘米，然后用图钉或塑料细绳固定在茶丛靠叶的枝丫上；当害螨发生量较大时，先用木屑或谷壳将捕食螨混匀后，均匀地撒施在茶树叶面上；当螨量达到防治指标需用药剂时，可选用虫螨腈、螺螨酯等进行防治。及时分批采摘可在一定程度上减少虫口数量。茶叶停采后秋冬季用矿物油或石硫合剂封园对于第二年生长期内降低病虫害发生率也有

一定的效果。

4. 黑刺粉虱

针对该虫喜郁闭阴湿的特点，应做好疏枝清园，及时修枝、整枝，保持茶园通风透光。在越冬代成虫4月上旬羽化始盛期，插放色板诱杀成虫，密度为15～20块/亩。当虫口数量达到防治指标时，可在卵孵化盛末期，选用99%矿物油进行侧位喷洒，注意重点喷至中下部叶片和叶背。

5. 茶丽纹象甲

利用成虫假死性，在6月左右成虫盛发期震落捕杀。7—8月进行耕锄和秋末施基肥时翻耕土壤，可将幼虫翻出地表以减少越冬虫口基数。结合秋冬季翻耕土壤，采用毒土法防治幼虫和蛹，采用400亿孢子/克球孢白僵菌可湿性粉剂100克/亩进行防治，也可在成虫出土盛期前10天采用喷雾法防治成虫，用量100克/亩。当每平方米虫量达15头以上时，于成虫盛期喷施苦参碱水剂、茚虫威乳油等进行防治。

6. 绿盲蝽

防治时注意结合茶园管理，注重修剪，及时清除杂草和清理剪下的枝梢。虫口数达到防治指标时，在越冬卵孵化高峰期选用虫螨腈、苦参碱进行防治。

7. 茶卷叶蛾

防治时可在低龄幼虫期及时采摘，日常结合修剪，剪除虫苞。卷叶类害虫因有虫苞，采用药剂防治时不易将其杀伤，注意要防早防小，可在1～2龄幼虫盛发期喷施高效氯氰菊酯等进行防治，喷药时注意将虫苞喷湿。此外，还可利用杀虫灯进行诱杀成虫。

8. 茶毛虫

在11月至翌年3月摘除茶毛虫越冬卵块，在生长季节，摘除有虫叶片以减少虫口数量。利用茶毛虫成虫的趋光性，可在各代成虫发生期开启杀虫灯进行诱杀，也可利用茶毛虫性信息素诱捕器诱杀雄蛾。虫口数量达到防治指标时可在低龄幼虫期用球孢白僵菌、茶毛虫核型多角体病毒等生物农药在阴天或雨后初晴时进行喷施。

9. 茶蓟马

全年采摘茶园中，茶蓟马近几年发生逐年加重，其主要以成虫、若虫锉吸茶树叶片为害，一年可发生多代，其发生高峰期为5月下旬和9月中下旬。

及时分批采摘可带走嫩叶上的卵和若虫，在一定程度上减少虫口数量。发生重的茶园可喷施虫螨腈、茚虫威等进行防治。

10. 茶刺蛾

因其主要以幼虫取食茶树成叶，全季采摘茶园要重点关注。

防治方法：①清园灭茧，在茶树越冬期，结合施肥和翻耕，将茶树根际的枯枝落叶清至行间，深埋入土，减轻翌年害虫的发生量。②利用茶刺蛾成虫的趋光性，安装杀虫灯诱杀成虫。③药剂防治，防治适期应掌握在1~3龄幼虫发生期，药剂可选用苏云金杆菌、苦参碱等。

11. 茶天牛

防治时可利用糖醋液、蜂蜜水等茶天牛食诱剂进行诱杀。于成虫发生期用杀虫灯诱杀成虫或于清晨人工捕捉；从排泄孔注入杀虫剂，然后用泥巴封口，可毒杀幼虫。

12. 茶小卷叶蛾

防治方法参照"茶卷叶蛾"。

13. 油桐尺蠖

在油桐尺蠖发生严重的茶园，于各代蛹期进行人工挖蛹或翻耕茶园；成虫发生期利用杀虫灯进行诱杀；当幼虫数达到防治指标时掌握在1~2龄幼虫期进行喷药防治，药剂种类参考"茶尺蠖"。

14. 茶茸毒蛾

结合秋冬季茶园锄草施肥等田间操作开展清园灭卵，以减少越冬卵的数量。利用成虫趋光性进行灯光诱杀。3龄前幼虫群集性强，达到防治指标时可于3龄前喷施苦参碱等进行防治。

15. 茶蚜

及时多次分批采摘以带走嫩叶上的茶蚜。利用色板诱杀有翅蚜；茶蚜发生严重的茶园可喷施虫螨腈等药剂进行防治。

16. 茶蛾蜡蝉

及时中耕除草，秋冬清园时注意剪去枯枝和有虫枝条。及时分批多次采摘，疏除过密的枝条，改善茶园的通风透光条件可有效控制为害。成虫发生期在茶园放置黄色粘板诱杀成虫。结合茶园其他害虫的防治进行兼治。

17. 茶梨蚧

加强茶园管理，合理施肥，及时除草，适当剪除徒长枝和有虫枝叶，并带出茶园集中烧毁。使用药剂的防治适期为卵孵化盛末期，此时蜡质层未形成或刚形成，对药物比较敏感，用量少、效果好，可喷施矿物油等进行防治。

第五章
生态茶园科学用药技术

》第一节　科学用药基本原则 《

《绿色食品农药使用准则》（NY/T 393—2020）规定，绿色食品是指产地环境质量符合其规定的要求，遵照绿色食品生产标准生产，生产过程中遵循自然规律和生态学原理，协调种植业和养殖业平衡，不使用或限量使用限定的化学合成的肥料、农药、兽药、渔药、添加剂等物质，产品质量符合绿色食品产品标准，经专门机构许可使用绿色食品标志的产品。

同时《绿色食品农药使用准则》（NY/T 393—2020）规定，绿色食品生产中有害生物防治须遵循以下原则：

（1）以保持和优化农业生态系统为基础，建立有利于各类天敌繁衍和不利于病虫草害滋生的环境条件，提高生物多样性，维持农业生态系统的平衡。

（2）优先采用农业措施。如选用抗病虫品种、实施种子种苗检疫、培育壮苗、加强栽培管理、中耕除草、耕翻晒垡、清洁田园、轮作倒茬、间作套种等。

（3）尽量利用物理和生物措施。如温汤浸种控制种传病虫害，机械捕捉害虫，机械或人工除草，用灯光、色板、性诱剂和食物诱杀害虫，释放害虫天敌和稻田养鸭控制害虫等。

（4）必要时合理使用低风险农药。如没有足够有效的农业、物理和生物措施，在确保人员、产品和环境安全的前提下，按照相关规定科学合理使用农

药，并严格遵循《农药管理条例》《农药合理使用准则》（GB/T 8321）等相关规定。

由此可见，绿色食品生产过程中虽然没有完全禁止使用化学合成的生产资料，但对科学合理用药要求十分严谨，无论是药剂选择还是规范使用方面，其严格程度远远高于常规生产要求。

在绿色食品病虫草害防治实践中，应当优先采取绿色防控技术。简而言之，绿色食品科学用药的基本原则可归纳为："少用药""用好药""科学用"。

（一）"少用药"，即必要性原则

绿色食品科学用药的首要原则就是尽量不使用任何化学合成的生产资料。在生产实践中，应当科学规划作物布局，开展水旱轮作，合理间作套种，利用田边地角配套种植蜜源植物、载体植物、指示植物、诱集植物、栖境植物等，丰富田间小生境的生物多样性，人工释放或自然促增害虫天敌，有机协调各项农业、物理、生物防控措施，充分发挥生态控害综合效应，尽量不使用或少使用化学农药。

（二）"用好药"，即清单制原则

当病虫为害程度达到或即将临近防治指标或允许损失的经济阈值，且相应的农业、物理、生物防控措施难以有效控制病虫为害时，及时选用对口药剂开展查定防治。所选用的药剂须符合《绿色食品农药使用准则》（NY/T 393—2020）规定的绿色食品生产允许使用的农药清单，并获得国家在相应作物上使用登记或省级农业主管部门的临时用药许可。如果选用农药为复配制剂，则该药剂中所有有效成分均须符合上述要求。

（三）"科学用"，即低风险原则

尽管绿色食品生产允许使用的农药均属于低风险农药，但实际使用时仍应基于作业安全、作物安全、农产品质量安全和生态安全，综合分析病虫发生规律、农药制剂特性、作物生育期、农田生态环境以及气候条件等影响因子，正确选用防治药剂与制剂剂型，科学确定使用剂量、施药方式、施药范围、施药次数等,尽量规避使用不当而导致风险增加。

在药剂选择上,如防治单一病虫时尽量使用选择性农药;如同时防治多种病虫时尽量使用能兼治的农药。在剂型选用上,优先选择悬浮剂、微囊悬浮剂、水剂、水乳剂、微乳剂、颗粒剂、水分散粒剂和可溶性粒剂等环境友好型剂型,减少粉剂、乳油等剂型使用。根据田间病虫发生基数,综合作物生育期及品种抗病虫性、气象预测及天敌等自然控害作用,准确分析病虫发生态势,科学确定使用剂量、施药方式、施药范围、施药次数,能低剂量防治的绝不使用高剂量,能点状或块状小范围防治的尽量不实施大面积普治,能一次防治控制病虫害的绝不多次防治。确实需要多次防治时,应尽可能交替使用不同作用机理且无交互抗性的农药品种。在施药作业时做好安全防护,杜绝发生生产性事故。施药后要严格遵守安全间隔期,确保农产品质量安全。

第二节 绿色食品茶叶科学用药方案

一、绿色食品茶叶允许使用农药品种

根据《绿色食品农药使用准则》(NY/T 393—2020),以及作物登记原则,绿色食品茶叶允许使用的农药见表5-1。

表5-1 绿色食品茶叶允许使用农药清单

序号	农药种类	农药通用名
1	杀虫剂	吡虫啉
2	杀虫剂	吡蚜酮
3	杀虫剂	虫螨腈
4	杀虫剂	除虫脲
5	杀虫剂	啶虫脒
6	杀虫剂	氟啶虫酰胺

续表

序号	农药种类	农药通用名
7	杀虫剂	高效氯氰菊酯
8	杀虫剂	甲氨基阿维菌素苯甲酸盐
9	杀虫剂	甲氰菊酯
10	杀虫剂	噻虫啉
11	杀虫剂	噻虫嗪
12	杀虫剂	噻嗪酮
13	杀虫剂	辛硫磷
14	杀虫剂	茚虫威
15	杀螨剂	喹螨醚
16	杀菌剂	苯醚甲环唑
17	杀菌剂	吡唑醚菌酯
18	杀菌剂	代森锌
19	杀菌剂	啶氧菌酯
20	除草剂	草铵膦
21	除草剂	灭草松
22	矿物源农药	矿物油
23	矿物源农药	石硫合剂
24	植物源农药	印楝素

二、绿色食品茶叶农药最大残留限量

《绿色食品茶叶》(NY/T 288—2018)与《食品安全国家标准食品中农药最大残留限量》(GB 2763—2021)均规定了茶叶上农药的最大残留限量标准。由于《绿色食品茶叶》(NY/T 288—2018)在啶虫脒、高效氯氰菊酯上的限量要求严于《食品安全国家标准食品中农药最大残留限量》(GB 2763—2021),因此绿色食品茶叶在以上农药的最大残留限量按照《绿色食品茶叶》(NY/T 288—2018)标准执行,具体见表5-2。

表5-2 绿色食品茶叶农药最大残留限量表

序号	农药名称	最大残留限量/(毫克/千克)
1	草铵膦	0.5
2	吡虫啉	0.5
3	吡蚜酮	2
4	虫螨腈	20
5	除虫脲	20
6	啶虫脒	0.1
7	氟虫脲	20
8	甲氨基阿维菌素苯甲酸盐	0.5
9	甲氰菊酯	5
10	高效氯氰菊酯	0.5
11	噻虫啉	10
12	噻虫嗪	10
13	噻嗪酮	10
14	辛硫磷	0.2
15	印楝素	1
16	茚虫威	5
17	苯醚甲环唑	10
18	吡唑醚菌酯	10
19	啶氧菌酯	20
20	多菌灵	5
21	喹螨醚	15
22	噻螨酮	15
23	乙螨唑	15

三、绿色食品茶叶药剂防治方案

绿色食品茶叶农药使用建议详见表5-3。

表5-3　绿色食品茶叶农药使用建议

主要病虫害	推荐农药	使用方法
茶炭疽病	苯醚甲环唑、吡唑醚菌酯、代森锌	5月下旬至6月上旬及8月下旬至9月上旬秋雨开始前:用10%苯醚甲环唑水分散粒剂1000倍液,或250克/升吡唑醚菌酯乳油1000~2000倍液,或80%代森锌可湿性粉剂500~700倍液喷施
茶尺蠖	高效氯氰菊酯、苦参碱、茚虫威	2~3龄幼虫期:用4.5%高效氯氰菊酯乳油1500~2000倍液,或亩用0.6%苦参碱水剂75~100毫升,或150克/升茚虫威乳油12~18毫升,以低容量蓬面喷射挑治茶尺蠖发生中心
小绿叶蝉	苦参碱、噻虫嗪、藜芦根茎提取物	入峰后(高峰期前):且若虫占总虫量80%以上时,亩用0.6%苦参碱水剂50~75克,或70%噻虫嗪水分散粒剂2克,或0.5%藜芦根茎提取物可溶液剂75~100毫升,低容量蓬面扫喷
黑刺粉虱	茚虫威、吡虫啉	卵孵化盛末期:亩用150克/升茚虫威乳油12~18毫升,或10%吡虫啉可湿性粉剂20~30克,低容量侧位喷施;虫口密度过大时:成虫盛期作为辅助施药,可用上述药剂以低容量蓬面扫喷成虫
茶蚜	氟啶虫酰胺、噻虫嗪、吡虫啉	有蚜梢率达10%以上或有蚜叶平均虫口达30头时:用10%氟啶虫酰胺水分散粒剂2500~5000倍液,或亩用10%吡虫啉可湿性粉剂10~15克,或70%噻虫嗪水分散粒剂2克兑水喷施

附录
浙江省精品绿色茶园简介

浙江省精品绿色茶园情况一览表

精品绿色茶园类型	建设单位
全国绿色食品原料（茶叶）标准化生产基地	安吉县人民政府
	松阳县人民政府
国家地理标志保护工程"长兴紫笋茶"	长兴县农业农村局
国家地理标志保护工程"遂昌龙谷茶"	遂昌县农业农村局
全国绿色食品一二三产业融合发展园区	浙江松阳大木山茶园
	浙江安吉宋茗白茶有限公司
	兰溪市马涧新农夫果蔬专业合作社
余杭径山茶省级精品绿色农产品基地	杭州市余杭区农业农村局
淳安鸠坑茶省级精品绿色农产品基地	淳安县农业农村局
桐庐雪水云绿茶省级精品绿色农产品基地	桐庐县农业农村局
泰顺三杯香省级精品绿色农产品基地	泰顺县农业农村局
德清莫干黄芽茶省级精品绿色农产品基地	德清县农业农村局
新昌大佛龙井省级精品绿色农产品基地	新昌县农业农村局
武阳春雨茶省级精品绿色农产品基地	武义县农业农村局
天台山云雾茶省级精品绿色农产品基地	天台县农业农村局
景宁惠明茶省级精品绿色农产品基地	景宁县农业农村局

全国绿色食品原料（茶叶）标准化生产基地

（建设单位：安吉县人民政府）

安吉县于2018年整建制创建安吉白茶省级精品绿色农产品基地，2020年成功创建全国绿色食品（茶叶）原料标准化生产基地。创建面积17.36万亩，产地主要分布在溪龙乡、递铺街道、梅溪镇、孝源街道等四个产茶乡镇（街道）。主要品种为'白叶一号''龙井43'等。2023年，全县茶园面积20.06万亩，种植户1.7万余户，总产量2300吨，产值35.88亿元。茶文化旅游、茶休闲度假、茶非物质文化遗产展示等新业态蔚然成风。

基地制定并发布《安吉白茶绿色原料生产操作规程》，全面开展"进企入户"行动，推进每一位茶农按标生产。建成安吉白茶产业大脑数字化平台，打造"茶产业一张图、肥药两制一本账、数据服务一朵云、监管提质浙农码、智慧茶园一体化"五大场景，茶农凭"码"交易、消费者扫"码"追溯、管理者凭

"码"监管,实现全程全域可控可追溯。构建以肥药实名制购销为抓手的"肥药销售—购买—使用—回收"的闭环管理模式,深入推进有机肥替代化肥示范创建,设置绿色食品农资专柜19个。建立社会化服务体系,以农民合作社为实施主体推广应用无人机飞防社会化服务,2022年成功开展千亩茶园生物农药防治,完成万亩茶园无人机飞防工作。

全国绿色食品原料（茶叶）标准化生产基地

（建设单位：松阳县人民政府）

松阳县于2014年创建全国绿色食品（茶叶）原料标准化生产基地。创建面积9.8万亩，分布于19个乡镇（街道），涉及茶农28110户。主要品种为'乌牛早''龙井43''白叶一号'。2023年，全县茶园面积15.3万亩，总产量1.96万吨，产值21.6亿元。

松阳县以组织管理体系、基础设施体系、生产管理体系、农业投入品管理体系、技术服务体系、监督管理体系、产业化经营体系等"七大体系"建设为重点，扩大生态优势、聚能绿色发展、提升茶业质效。基地制定了《绿色食品茶叶标准化生产技术操作规程》和绿色食品茶叶标准化生产模式图等一系列技术标准，组织多种类型、多种形式的技术培训，印发技术资料，开通农民信箱短信服务，组织技术资料送村入户，开展了测土配方施肥服务，建立了

农业技术直接到户、良种良法直接到田的农技推广工作机制。同时，做大做强松阳县神农农业发展有限公司、松阳县大自然茶业有限公司等绿色食品茶叶加工销售企业；健全落实生产基地管理、基地环境保护、投入品管理等制度。

国家地理标志保护工程"长兴紫笋茶"

（建设单位：长兴县农业农村局）

长兴县长兴紫笋茶于2020年被列为国家农产品地理标志保护工程建设项目。"长兴紫笋茶"是浙江省首个申请成功获得国家农产品地理标志登记保护的农产品，也是浙江省首只具有部级农业行业标准的茶叶，主要品种为'紫笋群体种''龙井43''浙农117'等。2022年，紫笋茶制作技艺被列入联合国教科文组织人类非物质文化遗产代表作名录，品牌价值19.78亿元。2023年，茶园面积15万亩，农户9000余户，春茶总产量2650吨，产值16.4亿元。

附录　浙江省精品绿色茶园简介

　　强化品种保护，制作并发布了特级、一级、二级、三级四个级别紫笋茶实物标准样；建立品种培育标准示范园，选育具有"长兴紫笋茶"特色的株系，目前已有5个品系，2万多株苗木，芽叶紫笋深浅不一，按照品种试验区块要求设计种植，有效保持"长兴紫笋茶"的种质资源和独特品质特性。建设长兴紫笋茶"茶农一件事，茶市一张图，茶叶一条链，茶品一套标"数字化质控系统与生产端品质溯源管理系统，实时动态监测产业地图、产销数据、用工情况、茶园气象数据、病虫测报数据等。建成"长兴紫笋茶"生产经营主体目录和生产档案，形成地理标志农产品认定、监管、维权、服务的支持体系。

国家地理标志保护工程"遂昌龙谷茶"

（建设单位：遂昌县农业农村局）

遂昌县遂昌龙谷茶于2022年被列为国家农产品地理标志保护工程建设项目。主要品种为'龙井43''银霜'等。2023年，茶园面积13.99万亩，产量2756吨，产值4.6亿元，品牌价值17.38亿元。

突出茶叶品质动态监测，助力标准化生产。全面掌握与监测茶叶中硒、锰、锌、铁、铬、镉、砷、铝、铜和铅等10种微量元素和重金属元素动态变化，加快构建从产地环境、生产加工、产品分等分级管理以及包装运输等全产业链标准化技术体系，完善标准化生产规范。突出绿色食品认定，提升产品质效。整建制推广国家绿色食品生产标准，在常规培训、示范等基础上，探索"地理标志农产品＋规模主体＋农户（企业）""绿色食品主体＋农户"等形式，推动标准落地见效。突出制度刚性，规范主体质量控制。制定《遂昌龙谷茶授权管理办法》，加强区域公用品牌和地标品牌授权管理，从制度上，规范主体茶叶生产各关键环节。

全国绿色食品一二三产业融合发展园区

（建设单位：浙江松阳大木山茶园）

松阳大木山茶园坐落于国家级生态镇松阳县新兴镇，面积4500亩，于2017年创建全国绿色食品一二三产业融合发展园区，是原农业部标准茶园示范区、浙江省高效生态农业示范园区和松阳县现代茶叶观光示范园区。园区以茶园骑行为主题，突出"古韵茶香，健康骑行"理念，融合茶园观光、茶园品茶、采摘制茶体验、养生度假等功能，充分展现农耕文化历史传统与现代绿色食品标准化生产水平。

园区依托古村落、乡土民俗风情等，构建了"一线（一二三产业融合发展主线）、一城（松阳古城）、一镇（茶香小镇）、一村（100多座风貌完整古色古香的传统村落）、一带（松阴溪绿道慢行带）、一心（大木山景区为核心）、+N

(302家茶宿、农家乐)"的茶旅产业发展格局。同时,以绿色食品生产相关标准贯穿茶叶种植、加工,严格产地环境保护、绿色生态防控技术推广、茶叶加工环节风险管控等措施,确保生态环境更优、绿色生产更实、联农带农更好。

全国绿色食品一二三产业融合发展园区

(建设单位：兰溪市马涧新农夫果蔬专业合作社)

兰溪市马涧新农夫果蔬专业合作社于2020年获批全国绿色食品（杨梅）一二三产业融合发展园区，园区面积2600亩。按照"两园一中心"（杨梅风情园、杨梅良种园、国际杨梅研究中心）的发展思路，坚持绿色生产理念和全产业链思维，打造集"产业、科普、互动、采摘观光"于一体，吃、住、行、游、购、娱一条龙服务的融合发展园区，其所在地下杜村也被评为全国"一村一品"示范村。

园区内杨梅种植面积1600亩，率先探索山地杨梅设施化建设，并迭代升级大棚种植技术至5.0版星空大棚。通过示范推广设施栽培技术，带动周边农户发展设施大棚杨梅1200亩，促使商品果率提高30%、成熟期提早15天以上，亩均综合效益超4.5万元。以兰溪市"杨梅产业大脑＋'梅'好农场"数

字平台建设项目为引领,推进园区内数字果园物联网系统、水肥一体化系统、大数据显示控制中心等建设,实现杨梅数字化种植管理,水肥效率提升30%以上,亩增效益20%以上。加强与浙江省农业科学院等科研院校合作,依托全程冷轧工艺,研发绿色食品杨梅汁生产技术,提升杨梅附加值,延伸杨梅产业链,进一步发挥园区带农促共富功能。

全国绿色食品一二三产业融合发展园区

(建设单位:浙江安吉宋茗白茶有限公司)

浙江安吉宋茗白茶有限公司坐落于"中国美丽乡村"、联合国人居奖唯一获得县——安吉县,于2020年11月获批全国绿色食品一二三产业融合发展园区,面积2700亩。依托安吉特有的文化底蕴,大力发展以安吉白茶为主体的农业休闲产业,打造了宋茗茶博园三产融合平台。

坚持绿色食品标准引领,全面拓展茶产业链,在做强做优种植、加工、销售、研发、衍生品开发的基础上,打造以茶文化推广交流为核心的,融茶文化、影视文化、科研、教学展示、五星级度假酒店为一体的农业综合示范园。坚持技术创新引领,加强与科研院校合作,依次联合成立了安吉白茶研发中心、安吉白茶产业研究院,每年安排销售额的3%作为研发固定经费。坚持产

业促共富,创新深化"公司+基地+合作社+农户"模式,辐射带动周边近千户农户走上共同富裕道路。

余杭径山茶省级精品绿色农产品基地

（建设单位：杭州市余杭区农业农村局）

杭州市余杭区于2019年整建制创建径山茶省级精品绿色农产品基地，产地集中分布在径山、黄湖、鸬鸟、良渚、余杭、闲林、中泰、百丈、瓶窑等镇街。2023年，茶园面积7.15万亩，总产量8945吨，产值超10亿元，区域公用品牌价值达31.65亿元，成功入选中国茶业品牌馆。

基地以产地生态化、生产标准化、产品溯源化做实"绿色化"文章。聚力创建全国绿色食品原料标准化生产基地、全国绿色食品一二三产业融合发展园区；研制并成功培育'径山1号''径山2号'茶树新品种；实行径山茶统一行业监管、统一品牌宣传、统一基地认证、统一生产标准、统一市场营销、统一标识包装"六统一"管理模式；构建径山茶茶产业一张图平台，建立农产品质量安全基层网格化监管体系，开展径山茶产品质量安全雪亮工程。

淳安鸠坑茶省级精品绿色农产品基地

（建设单位：淳安县农业农村局）

淳安县于2021年整建制创建鸠坑茶省级精品绿色农产品基地。主要品种为'鸠坑'群体种、'嘉茗1号''白叶1号''龙井43''浙农117'等。2022年，'鸠16'成功获得国家植物新品种权。2023年，茶园面积19.1万亩、产值11.6亿元，其中'鸠坑'群体种茶园9.3万亩、产值3.7亿元。千岛湖茶"寻根探源"之旅成功入选全国百条红色茶乡精品旅游线路。

基地制定并发布《绿色食品 千岛湖茶生产技术规程》省级团体标准

（T/ZLX 046—2023），整建制推广绿色食品生产标准，基地内84.6%的规模主体获得绿色食品认定，78.33%的产地面积达到绿色食品产地环境监测标准，基地产品全部推行绿色食品生产技术。统一制作农产品生产主体信用信息公示牌和生产管理制度，提升农资仓库管理水平，完善产品追溯体系，推广承诺达标合格证应用。举办绿色食品生产管理、鸠坑单株生产与加工技术等培训班，打造了一支掌握绿色食品标准、产品认定、质量监管、品牌推广等知识的专业检查员和监管员队伍。

桐庐雪水云绿茶省级精品绿色农产品基地

(建设单位：桐庐县农业农村局)

桐庐县于2021年整建制创建雪水云绿茶省级精品绿色农产品基地。主要品种为'鸠坑''龙井''福丁''迎霜''早逢春''乌牛早''浙农117'等。2023年，茶园面积6.35万亩，其中西南低山高丘占比42.43%、东南低山高丘占比7.44%、西北部低山丘陵占比12.78%、两江河谷丘陵占比37.35%，总

产量4500吨,产值5.2亿元。

基地制定并发布《绿色食品 雪水云绿茶生产技术操作规程》省级团体标准(T/ZLX 047—2023),整建制推广绿色食品生产标准。基地内87%的规模主体获得绿色食品认定,73.9%的产地面积达到绿色食品产地环境监测标准,基地产品全部推行绿色食品生产技术。加强茶园基础设施建设,完善茶园培育管理,增加植被,减少水土流失,改善茶园周边生态环境。系统建立茶园绿色防控体系,增设绿色防控设施、推行测土配方施肥,践行生态循环模式,减少农药、化肥使用量,实行污染物资源化利用。

泰顺三杯香省级精品绿色农产品基地

(建设单位：泰顺县农业农村局)

泰顺县于2020年整建制创建三杯香省级精品绿色农产品基地。主要品种为'乌牛早''龙井43''中茶108'等。"三杯香"是首批《中欧地理标志协定》互认产品，2023年茶园面积9.1万亩，产量约4200吨，品牌价值23.77亿元。

基地制定《绿色食品 三杯香茶生产技术规程》及生产模式图，涵盖三杯香标准实物样研制、三杯香茶（绿色食品）、红茶和黄茶标准，全面执行国家绿色食品生产相关标准，提升区域标准化生

产水平。开展生态茶园建设,全面推广生态茶园生产技术,建立茶树害虫绿色防控示范基地4个,推广应用新型绿色防控技术3.5万亩次,采用天敌友好型LED杀虫灯、天敌友好型数字化色板、灰茶尺蠖性信息素诱捕器、生物农药等总体防控应用达6万亩次以上。强化示范带动,举行泰顺县茶叶标准技术推广培训会——泰顺县三杯香绿色精品基地建设标准培训,同时以绿色食品获证主体为龙头,示范推广绿色食品茶叶生产技术,带动全县域茶农绿色化生产。

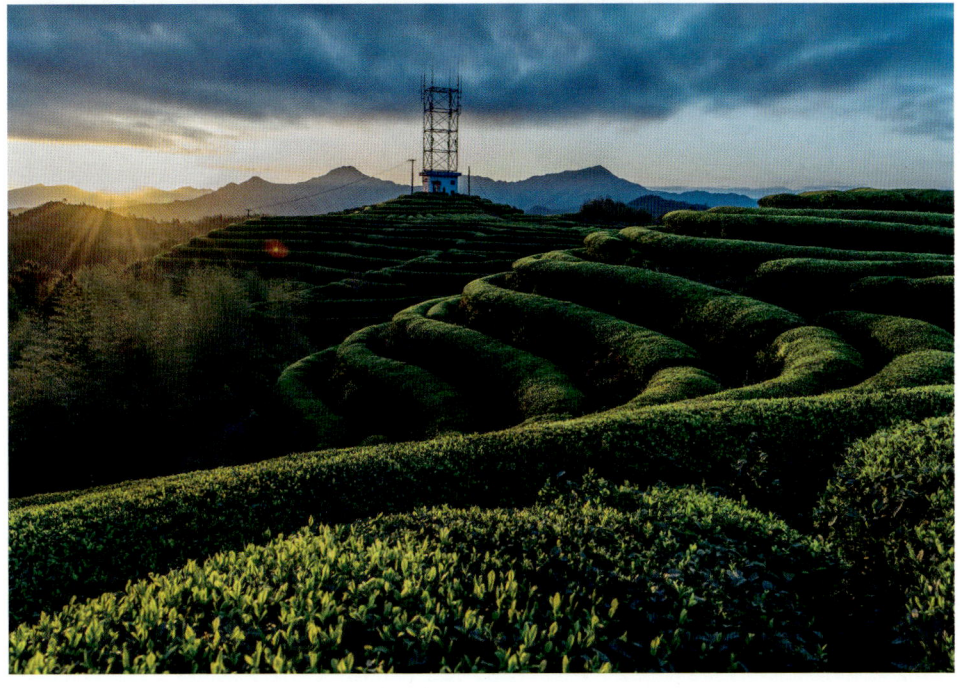

德清莫干黄芽茶省级精品绿色农产品基地

(建设单位:德清县农业农村局)

德清县于2020年整建制创建莫干黄芽茶省级精品绿色农产品基地。2023年,茶园面积3万亩左右,品牌评估价值为3.82亿元。

基地制定发布《德清县莫干黄芽生态茶园标准化生产技术规程》(TDQCX 004—2021);整建制推广绿色食品生产标准,基地内85.7%的规模主体获得绿色食品认定。制定《莫干黄芽茶

附录　浙江省精品绿色茶园简介

绿色生产精品园、莫干黄芽茶绿色生产精品示范基地评选办法》，在基地内评选20家莫干黄芽茶绿色生产精品示范基地、莫干黄芽茶绿色生产精品园；进一步完善莫干黄芽追溯体系，推广食用农产品承诺达标合格证应用，确保农产品质量安全；举办绿色食品生产管理、莫干黄芽标准化绿色生产与加工技术等培训班，打造了一支掌握绿色食品标准、产品认定、质量监管、品牌推广等知识的专业检查员和监管员队伍。

新昌大佛龙井省级精品绿色农产品基地

(建设单位：新昌县农业农村局)

新昌县于2022年创整建制创建大佛龙井省级精品绿色农产品基地。主要品种为'龙井43''嘉茗1号''中茶108''鸠坑种'等。2023年，茶园面积15.3万亩，全县名优茶产量5835吨、产值13.6亿元，茶产业链总产值超过96亿元，中国茶市交易量达1.6万吨、交易额突破62亿元，品牌价值达到52.33亿元。

基地制定《绿色食品 大佛龙井茶生产技术规范》，发布大佛龙井、天姥云雾、天姥红茶三大产品的生产技术规程等团体标准，初步形成了较为完整的茶产业标准体系，并加大"进企入户"推广力度，扎实打通标准落地"最后一公里"。开展产地整体环境监测评价，全县域13.21万亩茶园符合《绿色食品 产地环境质量》（NY/T 391—2021）要求。深化数字赋能，建设"茶产业大

脑",打造"新昌茶业一件事""新昌茶卫士",整体提升茶产业治理效能。召开"诗路茶香 共富未来"大佛龙井、天姥红、天姥云雾品牌新形象发布会,积极谋划精品茶事件营销,实施品牌提升工程,推动茶业品牌化发展迈上新台阶。

武阳春雨茶省级精品绿色农产品基地

（建设单位：武义县农业农村局）

武义县于2021年整建制创建武阳春雨茶省级精品绿色农产品基地。主要品种为'春雨一号''春雨二号'等。2023年，茶园面积12.15万亩，产量1.97万吨，产值12.5亿元。

基地紧紧围绕品种培优、品质提升、品牌打造和标准化生产，着力促进武阳春雨茶绿色化生产、产业化经营和品牌化引领。优化茶树品种结构，全县现有茶树品种近20个，其中主栽品种10个，早、中、晚生品种搭配合理，采摘周期长，自主选育的'春雨一号''春雨二号'通过国家茶树良种审定委员会审定。聚力推广绿色生产，结合"肥药两制"改革，集成和创新绿色防控技术，大力推行生态调控、物理防治、生物防治、科学用药等绿色防控措施，全面执行国家绿色食品生产相关标准和全过程质量控制，绿色食品茶叶认定面积由1065亩扩大到16991亩，增长16倍，有效推升了茶产业绿色化水平。

附录　浙江省精品绿色茶园简介

打造产业龙头企业，聚焦品牌引领，培育了"更香""乡雨""骆驼九龙"等系列知名品牌，现有国家级农业龙头企业1家、省级骨干农业龙头企业2家、县级以上农业龙头企业16家，武义县茶叶产业链被认定为"全省示范性农业全产业链"。

天台山云雾茶省级精品绿色农产品基地

（建设单位：天台县农业农村局）

天台县于2021年整建制创建天台山云雾茶省级精品绿色农产品基地。主要品种为'鸠坑''乌牛早''中黄1号''龙井43''白叶1号''浙农117''浙农113'等。2023年，茶园面积6.17万亩，产量1605吨。

基地统一制定了《绿色食品 天台山云雾茶生产操作规程》以及《天台山云雾茶机械加工技术规程》《天台山云雾茶手工制作技术规程》《天台黄茶种植加工技术规程》等，并加强标准培训推广，切实推动主体按标生产，提升全域茶叶生产标准化水平。专门设置10个绿色食品茶叶农资专柜，强化绿色生产源头管理，进一步增强茶农绿色生产理念。积极推行绿色防控和高效施肥技术，减少种植环节化肥农药使用量，同时以绿色食品主体为链主，示范引领带动茶农绿色食品生产各环节要求。2021—2023年，全县茶叶总产值增加

了14.09%,市场鲜叶价格提高了10%以上,有效促进了山区乡镇茶农增收,为山区村集体经济消薄注入了产业发展新活力。

附录　浙江省精品绿色茶园简介

景宁惠明茶省级精品绿色农产品基地

（建设单位：景宁县农业农村局）

景宁县于2022年整建制创建景宁惠明茶省级精品绿色农产品基地。主要品种为'迎霜''景白2号''乌牛早''惠明'群体种等。2023年，茶园面积7.61万亩，可采摘茶园面积6.1万亩，覆盖鹤溪街道、红星街道、澄照乡等惠明茶核心产区，总产量3809吨，产值6.74亿元。

充分放大景宁生态优势，将生态环境保护与绿色食品产地环境质量要求有机融合。基地制定《景宁惠明茶绿色生产技术规程》等标准，印发生产模式图，大力推进"进企入户",努力打通绿色食品茶叶生产标准落地"最后一公里"。近年来,惠明茶质量安全年度监测合格率达98%以上。发挥景宁惠明茶国家农产品地理标志登记保护和绿色食品品牌价值优势,构建以展销会、新闻媒体、微信公众号等多渠道多方式的品牌宣传,着力提升景宁惠明茶品牌影响力。